Srinivasulu Cheemanapalli
Suresh Kumar Chitta
C. M. Anuradha

Descoberta de potenciais "miméticos de BH3" derivados do ácido siríngico (SA)

Srinivasulu Cheemanapalli
Suresh Kumar Chitta
C. M. Anuradha

Descoberta de potenciais "miméticos de BH3" derivados do ácido siríngico (SA)

Uma nova abordagem para a descoberta de medicamentos contra o cancro

ScienciaScripts

Imprint
Any brand names and product names mentioned in this book are subject to trademark, brand or patent protection and are trademarks or registered trademarks of their respective holders. The use of brand names, product names, common names, trade names, product descriptions etc. even without a particular marking in this work is in no way to be construed to mean that such names may be regarded as unrestricted in respect of trademark and brand protection legislation and could thus be used by anyone.

Cover image: www.ingimage.com

This book is a translation from the original published under ISBN 978-620-2-30953-0.

Publisher:
Sciencia Scripts
is a trademark of
Dodo Books Indian Ocean Ltd. and OmniScriptum S.R.L publishing group

120 High Road, East Finchley, London, N2 9ED, United Kingdom
Str. Armeneasca 28/1, office 1, Chisinau MD-2012, Republic of Moldova, Europe
Printed at: see last page
ISBN: 978-620-2-07743-9

ÍNDICE DE CONTEÚDOS

Resumo

Embora BAX, que é um esquadrão de sucesso molecular que incentiva a apoptose, tenha sido considerado um alvo emergente atraente para agentes anticancerígenos. O mecanismo molecular de pequenas moléculas/peptídeos envolvidos na ativação de BAX permanece desconhecido. O presente foco do estudo é a identificação e o desenvolvimento de novas moléculas que activam precisamente a apoptose mediada por BAX. Neste processo, identificámos alguns análogos do ácido siríngico associados ao sulco hidrofóbico de BAX através de uma abordagem de ecrã virtual. Os resultados dos estudos de acoplamento revelaram que os análogos SA1, SA9, SA10, SA14 e SA21 mostraram uma boa interação com o local de ativação do BAX, dos quais SA10 e SA14 se ligaram especificamente a Lys21 na hélice α1 do BAX, um resíduo crítico envolvido na ativação do BAX. Todos os cálculos de acoplamento dos análogos de SA foram comparados com os miméticos de BH3 clinicamente testados. Em todo este estudo *in silico*, os análogos de SA realizaram interações de ligação ideais com BAX em comparação com os miméticos de BH3. Além disso, a mutação *in silico* do ponto BAX-Lys21 para Glu21 resultou numa alteração estrutural do BAX e mostrou uma redução da energia de ligação e das interações de ligação de hidrogénio dos ligandos selecionados. Com base nestes resultados, propomos que o rastreio virtual e a análise de mutações do BAX sejam considerados o método de avanço crítico para a descoberta de novas terapêuticas anticancerígenas.

Palavras chave: Apoptose, BAM-7, ácido siríngico, docking, mutação, ProSA-web.

Capítulo 1

1. Introdução

O BAX é um membro pró-apoptótico da família BCL-2 que executa a apoptose através da via mitocondrial (Gavathiotis *et al.*, 2010). Os níveis relativos de proteínas pró e anti-apoptóticas na célula determinam a sensibilidade do evento apoptótico durante um estímulo e a resistência na apoptose pode ser devida aos níveis excessivos de proteínas anti-apoptóticas na célula (Nuessler *et al.*, 1999; Sawada *et al.*, 2000). A análise estrutural do complexo BAX/BIM BH3 descreveu que; um novo local de ligação está localizado no local N-terminal formado pela hélice 1 e 6 da proteína BAX que envolve a sua ativação (Gavathiotis *et al.*, 2012). A forma exposta de ativação da BAX requer as principais alterações conformacionais provocadas pela conversão do loop α1-α2 da conformação fechada para a forma aberta (Gavathiotis *et al.*, 2008). A interação BIM SAHB-BAX foi realizada através de análise por RMN, que identifica as pequenas alterações dos resíduos do loop localizados entre H1 e H2 de BAX (Gavathiotis *et al.*, 2008; Vogler *et al.*, 2009). A identificação de pequenas moléculas que mimetizam a função do péptido BH3 de BIM é uma das estratégias para a ativação de membros pró-apoptóticos de Bcl-2 (Nguyen *et al.*, 2007; Wang *et al.*, 2006). A atividade da BAX é neutralizada pelas suas contrapartes, ou seja, as proteínas anti-apoptóticas Bcl-2; no entanto, na maioria das células cancerígenas, a BAX é a proteína mais funcional e pode ser um alvo eficaz para o tratamento do cancro (Walensky & Gavathiotis, 2011; Lessene, Czabotar, & Colman, 2008; Baell & Huang, 2002).

Vários agentes quimioterapêuticos ou o knockdown de certas proteínas do ciclo celular podem induzir a apoptose dependente de BAX em células cancerígenas (Zheng *et al.*, 2017). Investigações anteriores descobriram que o Gossipol derivado de plantas naturais e seus derivados mostraram atividade antitumoral em modelos *in vitro* e animais, modulando os membros do BCL-2 por meio de suas propriedades miméticas de BH3 (Azmi *et al.*, 2011; Quinn *et al.*, 2011; Wilson *et al.*, 2010). BTSA1, um ativador BAX farmacologicamente otimizado que se liga potente e especificamente ao local de gatilho BAX e induziu mudanças conformacionais de BAX levando à apoptose mediada por BAX em linhas celulares de leucemia (Reyna *et al.*, 2017). Outros resultados sugeriram que a atividade pró-apoptótica do BAX também pode ser regulada pelo local de fosforilação S184 localizado na cauda hidrofóbica C-terminal do BAX. SMBA1, SMBA2 e SMBA3 são as pequenas moléculas que podem induzir mudanças conformacionais em BAX, bloqueando a fosforilação S184 (Xin *et al.* 2014). O ácido siríngico (SA), um composto fenólico derivado de plantas e frutos comestíveis (Ramachandran & Raja, 2010), exerce a sua atividade anticancerígena através da indução da paragem do ciclo celular, da apoptose, da diminuição da invasão, da migração celular e da prevenção da atividade de ligação NFkB-DNA (Abaza *et al.*, 2013). A SA exibe atividade antiangiogénica através da regulação negativa da expressão de VEGF em embriões de peixe-zebra (Gowri Karthik *et al.*, 2014). Os análogos de SA virtualmente derivados mostraram inibir a atividade do proteassoma em células de melanoma maligno humano (KY *et al.*, 2013). Algumas hidrazonas derivadas da SA mostraram uma potente atividade de eliminação de radículas livres através da inibição de ROS geradas em células doentes (Belkheiri *et al.*, 2010). A conceção e o rastreio de pequenas moléculas com diferentes moléculas químicas capazes de visar as proteínas da família Bcl-2 são de grande interesse terapêutico (Azmi *et al.*, 2011; Kazi *et al.*, 2011; Delgado-Soler *et al.*, 2012; LaBelle *et al.*, 2012).

As estratégias terapêuticas para ativar seletivamente a apoptose no cancro têm-se centrado na inibição das proteínas anti-apoptóticas BCL-2. No presente estudo, concebemos vários análogos de SA e analisámos a sua drogabilidade, toxicidade e afinidade de ligação à proteína BAX utilizando o método *in silico*. Apenas alguns compostos selecionados foram acoplados ao local de ativação da BAX para a investigação de miméticos de BH3, observando o modo de ligação do ativador padrão da BAX (BAM-7). A mutação pontual *in silico* do BAX foi desenvolvida utilizando o assistente de mutagénese pyMOL, o que prejudicou a estratégia de ligação e a geometria do sítio ativo para os ligandos examinados no presente estudo. Estas alterações são claramente explicadas pelas mudanças nos valores de ProSA web Z e na energia potencial eletrostática dos modelos nativos e mutantes. Com base nestas análises *in silico*, foi a primeira vez que relatámos alguns análogos de SA que se ligam seletivamente ao local de ativação do BAX, como é evidente nos estudos *in silico* de mutação e de acoplamento. Este estudo fornece informações para o desenvolvimento de miméticos de BH3 / activadores diretos de BAX que podem induzir a apoptose mediada por BAX em células cancerígenas.

Capítulo 2

2. Materiais e métodos

2.1 Preparação do conjunto de dados

Foi preparada uma série de análogos de SA através da indução de modificações estruturais na estrutura de origem, utilizando a base de dados de substituintes e ligantes disponível no servidor Molinspiration (Lipinski *et al.,* 2001). Estes foram concebidos mantendo o procedimento sintético. Um conjunto de dados de 563 análogos de SA foi desenhado pelo Chem Draw ultra 8.0 (Cambridge Soft, Cambridge, MA, EUA) e todas as estruturas geradas foram simuladas pelo Hyper Chem, conforme descrito noutro local (http://www.hyper.com, 2003).

2.2 Rastreio virtual e previsão da semelhança com o fármaco

O rastreio virtual da base de dados químicos é uma abordagem de apoio para identificar novas e potenciais pistas que sejam adequadas para uma maior otimização. Neste estudo, as propriedades físico-químicas *in silico* de todos os análogos de SA concebidos foram previstas de acordo com a Regra dos Cinco de Lipinski (Lipinski *et al.,* 1997) utilizando o software molinspiration. Estes dados previram as gamas desejadas de propriedades físico-químicas para as moléculas mais recentes e foram utilizados como filtros para o desenvolvimento de medicamentos.

2.3 Previsão ADMET

Os resultados filtrados foram ainda analisados com base nas propriedades ADMET, que se referem à adsorção, distribuição, metabolismo, excreção e toxicidade de uma molécula num organismo. As propriedades ADMET dos novos compostos foram calculadas utilizando o servidor pré-ADMET (http://preadmet.bmdrc.org/) (Irvine *et al.,* 1999; Zhao *et al.,* 2001). As propriedades ADMET da ligação às proteínas plasmáticas *in vitro*, a permeabilidade das células MDCK *in vitro*, a absorção intestinal humana, a penetração da BBB *in vivo* e a permeabilidade das células Caco-2 *in vitro* foram previstas utilizando este servidor. Finalmente, os compostos que passaram nos vários filtros acima referidos foram submetidos a estudos de acoplamento molecular e inspeção visual. Entre todos os análogos concebidos, 29 compostos, incluindo o SA, foram escolhidos para serem acoplados ao local de ativação do BAX com base na sua capacidade de seguir a regra dos cinco de Lipinski e nas propriedades ADMET.

2.4 Docagem molecular

Os análogos estruturais baseados em SA foram utilizados para o rastreio virtual contra o sítio ativo selecionado da proteína BAX para compreender a sua interação molecular e o modo de ligação através da análise de acoplamento. Os estudos de acoplamento foram efectuados com um programa de acoplamento automático Auto Dock4.2 (Morris *et al.*, 2009). Antes da acoplagem, todos os componentes, tais como BAX, SA e os seus análogos, foram optimizados. O BAM-7 e outros miméticos de BH3 previamente caracterizados são utilizados como compostos de referência para a análise comparativa de acoplamento.

2.4.1 Preparação de proteínas e ligandos

A estrutura cristalina do BAX (PDB: 1F16) foi obtida a partir da estrutura NMR no Protein Data Bank (Berman *et al.*, 2002). Antes de iniciar as simulações de acoplamento, todas as moléculas não proteicas foram removidas e, para quaisquer localizações alternativas de átomos, apenas a localização necessária foi mantida. As estruturas 3D do SA e dos seus análogos concebidos foram geradas pelo servidor PRODRG (Schuettelkopf AW, & Van Aalten D M F, 2004) e pré-otimizadas utilizando o campo de forças MMFF94x. As estruturas 3D dos compostos de referência (miméticos de BH3) foram obtidas na base de dados Pubchem. Todas as moléculas ligantes foram acopladas ao BAX com energia minimizada, utilizando o programa de acoplamento Auto Dock4.2.

2.4.2 Previsão dos resíduos do sítio ativo do BAX

A informação estrutural e do local de ligação do BAX foi analisada através do PDBSum (http://www.ebi.ac.uk/pdbsum) e está ligada ao programa Computed Atlas of Surface Topography of Proteins (CASTp) (http://cast.engr.uic.edu). A confluência das α-hélices 1 e 6 formou o local de ativação BH3 no BAX e é estruturalmente definida por um sulco hidrofóbico que inclui os aminoácidos Met20, Ala24, Leu27, Ile31, Ile133, Met137 e Leu141 e um perímetro de resíduos carregados e hidrofílicos, incluindo Lys21, Gln28, Gln32, Glu131 e Arg134.

2.4.3 Método de acoplamento

O método de acoplamento proteína-ligante foi utilizado para compreender a interação de ligação dos análogos de SA à proteína BAX. O protocolo de acoplamento completo foi seguido de acordo com o método descrito por Cheemanapalli S *et al.*, 2016. As hierarquias das posições de classificação dos ligandos acoplados são atribuídas com base nas energias de ligação mais baixas (Kcal/mol). O valor negativo mais elevado da pontuação de acoplamento indica uma maior afinidade de ligação do ligando ao recetor. Após a acoplagem, os complexos ligando-recetor foram analisados pelo programa de visualização PyMOL (Delano, 2006).

2.5 Mutação pontual *in silico* do BAX

Para compreender a importância da eficiência de ligação do BAX com ligandos selecionados, procedemos à substituição de um único aminoácido na hélice α1 do seu local de ativação. A ativação de BAX induzida por BH3 e a ligação de BIM SAHB a BAX podem ser enfraquecidas pela mutação pontual K21E (Gavathiotis *et al.*, 2010). A mutação pontual *in silico* de Lys21 para Glu21 foi gerada utilizando a ferramenta de mutagénese em pyMOL e a minimização da energia da proteína mutada é realizada utilizando o Swiss PDB Viewer (Thompson *et al.*, 1994). A proteína mutante com energia minimizada é utilizada para estudos de acoplamento adicionais. Na mutagénese pyMOL, os resíduos substituídos com o melhor conformador de cadeia lateral (rotâmero) ajustam-se à estrutura da proteína e são selecionados e exportados como ficheiro pdb. A qualidade da proteína mutante foi verificada pelas ferramentas Verify3D (Luthy *et al.*, 1992; Bowie *et al.*, 1991) e ProSA-web (Sippl, 1993). O Verify 3D calcula a posição dos resíduos de aminoácidos e a sua pontuação ambiental nos modelos 3D. A mutação cria quaisquer problemas estruturais que podem ser identificados pela comparação das pontuações dos resíduos de aminoácidos mutados com os resíduos do tipo selvagem. O ProSA-web calcula a pontuação Z (perfil de energia) para a qualidade global do modelo e o desvio de energia da proteína. Todas as cadeias de proteínas determinadas experimentalmente no PDB são apresentadas no gráfico de pontuação Z e são utilizadas para uma melhor compreensão da previsão da pontuação Z de um modelo específico. Se a pontuação Z estiver fora do intervalo das proteínas nativas, prevê-se que a estrutura do modelo seja um erro. A energia potencial de superfície mostra as alterações na distribuição de cargas e no conteúdo de resíduos de aminoácidos na proteína. A distribuição de carga na superfície da proteína é representada em cores diferentes; a cor azul representa os potenciais electropositivos, a cor vermelha representa os potenciais electronegativos, enquanto a cor verde representa um potencial a meio caminho entre os extremos electropositivos e electronegativos. As mutações de aminoácidos alteram a flexibilidade da proteína, bem como a rede de ligações de hidrogénio intra- ou intermoleculares, resultando num desvio significativo das caraterísticas de tipo selvagem das proteínas.

Capítulo 3

3. Resultados e discussão

A exploração de novos agentes anticancerígenos extraídos de fontes naturais ou de processos sintéticos tornou-se uma estratégia importante na terapia do cancro. Além disso, para identificar os agentes terapêuticos selectivos que induzem precisamente a apoptose através da ativação da BAX, é necessário desenvolver moléculas potentes semelhantes a fármacos. Atualmente, estão a ser desenvolvidos vários miméticos de BH3 e a maioria deles encontra-se em ensaios clínicos. Para o desenvolvimento de um mimético BH3 eficaz, interessou-nos trabalhar numa pequena molécula, o ácido siríngico. Embora tenha demonstrado várias aplicações terapêuticas, tem a capacidade de inibir a carcinogénese. No presente estudo, concebemos uma biblioteca de análogos do ácido siríngico e analisámos as suas propriedades de miméticos de BH3 através de uma análise de acoplamento. Os análogos da SA foram concebidos através de uma série de alterações estruturais induzidas na estrutura principal da SA, utilizando o servidor Molinspiration. Todas as moléculas concebidas foram ainda analisadas através da regra de Lipinski e de ferramentas ADMET. As moléculas foram filtradas com base nas suas propriedades de fármaco e ADME. As moléculas finalmente selecionadas foram analisadas quanto à sua ação mimética de BH3 através de estudos de acoplamento. Na análise de acoplamento, todas as moléculas ligantes foram acopladas à proteína BAX com energia minimizada, utilizando o Auto Dock4.2. A energia baseada na grelha avalia a conformação do ligando nas simulações de acoplamento. Os ligandos colocados na grelha automática cobriram as dimensões do mapa da grelha 60 A × 60 A × 60 A com um espaçamento entre grelhas de 0,375 A. Os protocolos de acoplamento Algoritmo Genético Lamarckiano (LGA), Algoritmo Genético (GA) e recozimento simulado estão implementados no Auto Dock4.2 para o cálculo das conformações de ligação do ligando. Em todas as simulações de acoplamento, o tamanho da população e as execuções de acoplamento foram definidos para 300 e 100, respetivamente. Os parâmetros de acoplamento adicionais foram definidos com valores predefinidos para todos os outros três algoritmos. Os resultados da acoplagem foram classificados de acordo com a energia de ligação (kcal/mol) e as constantes de inibição (Ki). A conformação de cada composto acoplado foi obtida com base no critério de desvio quadrático médio da raiz de 2,0 A (RMSD) utilizando o módulo de agrupamento Auto Dock. Para a comparação das propriedades de ligação dos análogos de SA, utilizámos os miméticos de BH3 clinicamente testados como compostos de referência nesta análise de acoplamento.

3.1 Conceção e rastreio virtual de análogos de SA

O presente estudo centra-se na conceção de um conjunto de análogos de SA e na análise da sua drogabilidade, propriedades ADMET e, por fim, no acesso à sua interação de ligação com a proteína alvo BAX utilizando uma abordagem *in silico*. De entre todos, foram escolhidos 29 compostos para ligação ao BAX com base na sua capacidade de seguir a regra dos cinco de Lipinski e nas propriedades ADMET. As propriedades físico-químicas, tais como TPSA (área de superfície polar), peso molecular, logP (coeficiente de partição octanol-água), doadores/aceitadores de ligações H e número de ligações rotativas dos compostos selecionados calculados *in silico* estão resumidas na Tabela S1. Os resultados mostraram que todos os análogos selecionados satisfaziam a regra de Lipinski.

3.2 Previsões ADMET

Análise ADME de 55 compostos (SA e seus 54 análogos) previstos para a sua absorção, distribuição, metabolismo e excreção através do software Pre-ADMET. A drogabilidade dos compostos projectados deve ter as propriedades ADME perfeitas, e só eles serão aprovados como medicamento em testes clínicos. No presente estudo, dos 55 compostos, 29 apresentaram resultados ADMET satisfatórios (Tabela S2). Todos os 29 compostos apresentaram boa absorção intestinal e permeabilidade média para células Caco-2 *in vitro*. As propriedades farmacodinâmicas e farmacocinéticas de um fármaco podem ser influenciadas pelo grau de ligação às proteínas plasmáticas. O fármaco ligado no plasma pode servir de reservatório para o fármaco livre removido por vários processos de eliminação, prolongando assim a duração da ação. A extensa ligação às proteínas plasmáticas aumentará a quantidade de fármaco que tem de ser absorvida antes de se atingirem níveis terapêuticos efectivos de fármaco não ligado. Neste caso, no que diz respeito à ADME, a percentagem de fármaco ligado às proteínas plasmáticas foi prevista e os compostos SA3, SA9, SA11, SA14, SA29, SA36, SA37, SA46 e SA49 foram previstos como estando fortemente ligados e os restantes compostos como estando fracamente ligados às proteínas plasmáticas. Os compostos SA1, SA14, SA21, SA36 e SA37 apresentaram uma permeabilidade baixa e os restantes uma permeabilidade média para as células MDCK *in vitro*. A entrega efectiva de fármacos ao SNC pode ser determinada pela BBB. Relativamente à penetração *na* barreira hemato-encefálica *in vivo*, os compostos SA1, SA3, SA12, SA14 e SA52 apresentaram uma fraca absorção e os restantes apresentaram uma absorção média no SNC.

Apenas os compostos activos para o SNC devem atravessar a BHE e evitar os efeitos secundários causados pelos medicamentos inactivos para o SNC.

3.3 Estudo de acoplamento

A proteína BAX era constituída por 192 resíduos com 9α-hélices sem folhas β. O local de ativação BH3 N-terminal no BAX é formado pela confluência das α-hélices 1 e 6 (Fig. 1A) e o modo de ligação do SA e dos seus análogos no local de ativação foi ilustrado na Fig. 1B. Os estudos de acoplamento molecular dos compostos contra o local de desencadeamento do BAX revelaram que todos eles mostraram uma boa interação com os melhores resultados de acoplamento dominados por ligações de hidrogénio com resíduos do local ativo das α-hélices 1 e 6. Tanto os resíduos de aminoácidos hidrofóbicos como os hidrofílicos do sulco do sítio ativo desempenham um papel importante na interação com os ligandos. O programa de docagem Auto Dock4.2 foi utilizado para efetuar a docagem molecular e utiliza a avaliação da energia livre de ligação para encontrar o melhor modo de ligação. Foram obtidas cinquenta confirmações acopladas para cada ligando e a confirmação com os valores de energia de acoplamento mais elevados foi selecionada como uma confirmação de ligação óptima. As pontuações de acoplamento mais baixas e mais elevadas foram encontradas nos compostos SA36 e SA14, respetivamente, mas ambos não apresentam resultados ADMET satisfatórios com a permeabilidade das células MDCK *in vitro*. Entre os 29 compostos, SA, SA1, SA9, SA10, SA14 e SA21 com energia de acoplamento de -3,99, -5,73, -5,81, -5,79, -5,85 e - 5,71 kcal/mol foram selecionados para estudos de interação molecular com a proteína BAX e os modos de interação destes compostos acoplados estão representados na Fig. 2 e na Fig. 10 (a, c & e). No entanto, os compostos de referência (miméticos de BH3) apresentaram energias de acoplamento numa gama de valores negativos a positivos, a saber -6,67 (BAM-7), -4,85 (Obatoclax), -4,06 (**Apogossipolona/ApoG2**), -3,95 (MIM1), -2,75 (ABT-199), -2,25 (TW37), -2.20 (ABT-737), +2,91 (Apogossipol), +94,72 (Gossipol), +398,93 (**BI-97C1/Sabutoclax**), +889,14 (**ABT-263/Navitoclax**). O BAM-7 apresentou a energia de ligação mais elevada (-6,67 kcal/mol) com o BAX, que é superior à de todos os análogos da SA e de outros compostos de referência examinados neste estudo (Quadro 3). As estruturas moleculares dos análogos de SA acoplados e dos compostos de referência foram apresentadas nas Figuras 3 e 4, respetivamente. Entre todos os análogos de SA acoplados, o SA14 apresentou a pontuação de acoplamento mais elevada de -5,85 kcal/mol, que é superior à do SA e dos seus análogos e inferior à do BAM-7. SA9 e SA10 ocuparam o segundo e terceiro lugares nas pontuações de acoplamento de todas as moléculas acopladas. SA e SA8 apresentaram a mesma energia de acoplamento de -3,99kcal/mol. Os complexos BAX-ligando revelaram que os resíduos comuns envolvidos na formação de ligações de hidrogénio são Lys21, Gln28, Glu44, Ala46, Leu47, Asp53, Ser118, Ile133, Arg134, Thr135, Met137, Asp142, Glu146. A comparação dos resíduos de ligação do ligando e da interação de ligação H dos análogos de SA e dos miméticos de BH3 está resumida na Tabela 4. A distância entre as interações de ligação H de todos os compostos acoplados foi encontrada no intervalo de 1,5-3,4A (<5A). Nas ligações de hidrogénio, a maioria dos átomos dadores provinha de resíduos de BAX e muito poucos foram contados nos análogos de SA e nos compostos de referência.

A molécula activadora do BAX (BAM-7) ligou-se aos resíduos do sítio ativo Lys21, Gly29, Asp53, Met137, Leu141 e Leu161, representados na Fig. 10 (a). Os átomos de Asp (OD1&OD2) e Lys (HZ3) estão envolvidos em interações de ligação de hidrogénio com os átomos de hidrogénio (H11) e de azoto (N12&N18) do BAM-7 (Quadro 4). O SA14 apresentou uma pontuação de acoplamento de -5,85 kcal/mol com duas ligações de hidrogénio com os resíduos HZ2 de Lys21 e HG1 de Thr22 do BAX (Quadro 4), enquanto o composto original SA (-3,99 kcal/mol) apresentou a pontuação mais baixa entre os compostos selecionados, com o estabelecimento de três ligações H entre os átomos H24, O7 e O8 do SA e os átomos de OE1 (Gln28), HH21 (Arg134) e HE (Arg134), respetivamente (Quadro 4). A adição do anel furano halogenado ao grupo hidroxilo do SA influenciou significativamente a afinidade e a potência de todos os compostos concebidos. A possível razão pode ser que a inserção de átomos de halogéneo nos compostos de chumbo foi predominantemente realizada para efeitos estéricos, através da capacidade destes átomos a granel ocuparem as bolsas mais profundas da proteína alvo e favorece a contribuição para a estabilidade do complexo fármaco-alvo (Gillis *et al.*, 2015). Do ponto de vista químico, a inserção de halogéneos nas novas entidades químicas aumenta a lipofilicidade, a biodisponibilidade oral e a penetração no SNC (Gerebtzoff *et al.*, 2004; Gentry *et al.*, 1999). A SA14 demonstrou uma fraca penetração no SNC e bons valores significativos para o LogP e a biodisponibilidade oral. O modo de ligação proposto para o SA14 na Fig. 10(c) sugeriu que estava rodeado pela bolsa de ligação de seis resíduos de Gln18, Lys21, Thr22, Arg109, Phe114, Leu132 e Ile136. Os átomos de oxigénio do SA, SA1 e SA21 partilham o aminoácido Arg134 para a formação de ligações de hidrogénio. O átomo OE1 da Gln28 mostrou interações de ligação de hidrogénio com os átomos ligantes de SA (H24) e SA9 (O14), como se pode ver na Fig. 2a&c. SA10 formou uma ligação de hidrogénio simples com o átomo HZ1 de Lys21 e também mostrou interações sem ligação com Glu17, Leu25, Leu141, Arg145 e Leu149 dos resíduos de BAX, mostrados na Fig. 10(e). Os resultados obtidos com este estudo de acoplamento revelaram que todos os ligandos acoplados propostos estavam envolvidos na interação dos resíduos do sítio ativo do BAX em modo direto ou indireto. Os modelos obtidos demonstram que os átomos das cadeias laterais que são adicionados ao SA estão principalmente envolvidos na interação com resíduos de aminoácidos da bolsa de ligação do BAX. Os átomos de oxigénio presentes nos ligandos são essenciais para a interação com os resíduos da proteína.

As vias de sinalização reguladoras da apoptose e os factores mitocondriais são frequentemente comprometidos durante a transformação celular, pelo que o desenvolvimento de pequenas moléculas ou de miméticos de BH3 capazes de induzir a apoptose em células cancerosas constitui um desafio estimulante. As proteínas BH3-únicas são capazes de se ligar diretamente e ativar as proteínas BAX e Bak, que são fundamentais para a morte celular. A exploração das caraterísticas das proteínas exclusivamente BH3 fornece pistas para o desenvolvimento de fármacos terapêuticos contra o cancro. Na última década, foram produzidos vários fármacos miméticos de BH3. Os miméticos de BH3 são péptidos ou moléculas sintéticas identificadas a partir do rastreio aleatório de bibliotecas de produtos naturais ou concebidas/melhoradas por técnicas racionais baseadas na estrutura. No presente estudo, concebemos uma biblioteca de análogos de SA através de abordagens computacionais e comparámos as suas interações de ligação com o BAX. Alguns miméticos de BH3 bem conhecidos e testados clinicamente, como o BAM-7, Obatoclax, Apogossipolona/ApoG2, MIM1, ABT-199, TW37, ABT-737, Apogossipol, Gossipol, BI- 97C1/Sabutoclax, ABT-263/Navitoclax, foram utilizados como compostos de referência neste estudo comparativo (Fig. 4 e S13 (A-K)). A análise de docking revelou que o BAM-7 demonstrou ser o melhor mimético de BH3 em comparação com outros miméticos de BH3, bem como com análogos de SA. No estudo global, os análogos de SA mostraram mais energia de acoplamento com o BAX, em comparação com os miméticos de BH3 conhecidos.

O protótipo mimético de BH3 ABT-737 tem como alvo seletivo as três proteínas pró-sobrevivência BCL-XL, BCL-2 e BCL-W e o seu derivado oral ABT-263 (navitoclax) pode induzir a apoptose dependente de BAX/BAK *in vitro* e tem efeitos antitumorais em modelos animais (Tse *et al.*, 2008; Van Delft *et al.*, 2006). A nível molecular, a análise de acoplamento destas duas moléculas (ABT-737 e ABT-263) sugeriu que se ligam à Lys21 do local de ativação da BAX e podem ser responsáveis pela indução da BAX (Fig. S13-C&B). O derivado da cicloprodigiosina, GM15-070 (Obatoclax) pode ativar a apoptose através da libertação de Bak de Mcl-1 e Bim de Bcl-2 e Mcl-1 (Konopleva *et al.*, 2008). A hipótese *in silico* do Obatoclax mostrou que a interação do Leu47 do local de ativação do BAX pode libertar o BAX do seu homólogo, o Bcl2 (Fig. S13-H). Os outros miméticos de BH3, o gossipol e os seus derivados, como o apogossipol e a apogossipolona (ApoG2), estão atualmente em avaliação pré-clínica, ao passo que o derivado benzoilsulfonido TW37 já atingiu a fase I/II dos ensaios (Arnold *et al.*, 2008; Lessene *et al.*, 2008; Azmi *et al.*, 2011; Quinn *et al.*, 2011; Wei *et al.*, 2011). Todos estes compostos têm capacidades de ligação semelhantes com afinidade moderada e induzem a apoptose mediada por BAX em várias células cancerígenas. As interações moleculares destes compostos com BAX revelaram que a ligação às α-hélices 1 e 6 do local de ativação de BAX pode induzir a alteração conformacional de BAX, o que conduz à morte celular mediada por mitocôndrias (Fig. S13-D,E,F&J). Gavathiotis e colegas referiram que o SAHB derivado da hélice BH3 da BIM pode ligar-se diretamente a BAX num local de interação (Gavathiotis *et al.*, 2008). O estudo de acoplamento do BIM SAHB (PDB: 2YQ6) com o BAX mostrou que o SAHB se liga ao local de ativação hidrofóbico do BAX e forma interações de ligação de hidrogénio com os resíduos Lys21, Glu17, Glu146 e Asp142 (Fig. S13-K). Os análogos da SA mostraram um tipo semelhante de interações com o BAX, tal como outros miméticos de BH3 examinados no presente estudo. De acordo com as informações acima referidas, podemos formular a hipótese de que os análogos de SA concebidos podem induzir a apoptose mediada por BAX nas células cancerosas. Juntamente com estes miméticos de BH3, foram recentemente identificadas várias moléculas que induzem a apoptose através da ativação de BAX. Um dado sobre a Morusina (isolada da casca da raiz de *Morus alba* L.) demonstrou modular a expressão da proteína anti-apoptótica Survivin e da proteína pró-apoptótica BAX em células de cancro da mama humano (Kang *et al.*, 2017). A miricetina, um flavonoide relatado para induzir a morte celular apoptótica em células de hepatocarcinoma humano HepG2 e células de câncer de cólon humano HCT-15 *através do* aumento do BAX / BCL2 (Kim *et al.*, 2014). O BAX Targeting Compound (BTC-8), um derivado do BAM-7 sozinho ou em combinação com o agente alquilante TMZ, foi avaliado em células de Glioblastoma humano e demonstrou inibir a proliferação de células de Glioblastoma através da indução da permeabilização da membrana mitocondrial (Daniele *et al.*, 2018). O efeito da doxorrubicina induz a apoptose dependente de mitocôndrias por regulação negativa de Bcl-xL e regulação positiva da expressão de BAX e caspase-9 em células de cancro da mama (Sharifi *et al.*, 2015). Um dado recente sugeriu que um composto ativo Cinobufagina (CBF) isolado das glândulas secretoras de *Bufo gargarizans* pode aumentar significativamente a expressão de BAX e diminuir a expressão de Bcl-2 em células MCF-7 (Zhu *et al.*, 2018).

A ativação do BAX requer a interação da Lys21 com o Glu158 da molécula activadora do BAX, a hélice BH3 do BIM. A mutação K21E do BAX leva a uma diminuição da força de interação com o seu ativador. Entre todos os análogos da SA examinados no presente estudo, apenas a SA-10 e a SA-14 podem interagir com a K21 do BAX e apresentaram boas energias de acoplamento em comparação com outros miméticos BH3. Para obter provas claras da interação do K21 com as moléculas activadoras, efectuámos uma análise de mutação para o estudo comparativo do modo de acoplamento, da força de ligação e da flexibilidade do ligando para o tipo selvagem e o tipo mutante da proteína. Para o efeito, foram utilizados SA-10, SA-14 e BAM-7 como ligandos contra o tipo mutante de proteína para estudos de acoplamento.

3.4 Mutação BAXK21E

A mutação pontual do BAX ocorre na hélice 1, mas não perturba a conformação global da estrutura secundária α-helicoidal. A alteração no resíduo 21 da mutação pontual de Lys para Glu foi gerada utilizando o assistente pyMOL de mutagénese *in silico*. O Glu158 do péptido BH3 do BIM forma uma ligação de hidrogénio intermolecular com a cadeia lateral do Lys21 do BAX (Fig. 5). No entanto, os resíduos de Lys e Glu diferem em carga e tamanho. A substituição da lisina por ácido glutâmico resulta em alterações mínimas na pontuação Z do ProSA-web, de-7,11 para-7,1 (Fig. 6), enquanto não se registou qualquer alteração na pontuação Verify 3D (0,53) (Fig. não mostrada). A compatibilidade entre a sequência e a sua estrutura pode ser calculada utilizando a função de energia ProSA-web Z-score. A pequena flutuação observada no valor do Z-score da proteína mutante é de -7,1, o que mostra que a substituição de um resíduo de aminoácido provocou alterações na qualidade do modelo local da proteína. A mutação pontual Lys21Glu no BAX produz uma pequena alteração conformacional local, observando as interações de ligação de hidrogénio intra e intermoleculares com resíduos contíguos. O método WHAT IF também é utilizado para verificar a normalidade do ambiente local dos aminoácidos. A avaliação WHAT IF mostrou que a mutação pontual conduz a uma alteração do ambiente local dos resíduos de aminoácidos no modelo da proteína (Fig. 7). A energia potencial eletrostática para a proteína nativa e mutante é de -45,607kbT/e a +45,607kbT/e e de -59,297kbT/e a +59,297kbT/e, respetivamente (em que kb, T e e são a constante de Boltzmann, a temperatura e a carga eletrónica, respetivamente). Os potenciais de superfície para a proteína selvagem e mutante são apresentados na Fig. 8. As alterações na energia potencial são apoiadas pela estabilidade da estrutura da proteína. As alterações estruturais da proteína são determinadas pela sua composição de aminoácidos e qualquer mutação que ocorra numa posição específica cria uma diferença na energia potencial. A substituição de qualquer resíduo altera a energia e a estabilidade da proteína. Na estrutura nativa do BAX, a lis21 forma uma ligação de hidrogénio (1,6A) com a cadeia lateral de Glu158 do péptido BH3 do BIM (Fig. 9a); no entanto, a mutação reduz esta ligação de hidrogénio (Fig. 9b). O comprimento das distâncias das ligações de hidrogénio foi observado nos resíduos locais que interagem com a lisina ou o ácido glutâmico das proteínas nativas e mutantes. Os resíduos E17, Q18, A24 e L25 formam ligações de hidrogénio intra-moleculares com a lisina ou o ácido glutâmico e conferem estabilidade à proteína. A alteração do comprimento das ligações de hidrogénio determina a conformação local das hélices e a sua estabilidade. Neste caso, os resíduos E17 e Q18 formam ligações de hidrogénio com K21 ou E21, tendo-se observado que o comprimento da ligação é diferente no tipo de proteína selvagem e mutante. O comprimento da ligação de hidrogénio alterado de E17 é de 1,9k para 2,0k; Q18 é *de 2,7k* para 2,3A para o tipo selvagem e o tipo mutante, respetivamente (Fig. 9a&b). A pequena alteração na estrutura local determina a estabilidade estrutural total da proteína.

3.5 Avaliação das diferenças entre o tipo selvagem e o mutante BAXK21ED através da ligação de proteínas com ligandos de SA-10, SA14 e BAM-7

Os resultados da docagem revelam que a mutação pontual de BAX em α1 leva à alteração da energia de ligação, do modo de docagem e da flexibilidade dos análogos de SA e BAM-7 no local de ativação.

A análise da mutação pode justificar as interações mais fortes e mais fracas dos ligandos ligados aos sítios activos das proteínas. O lys21 é o passo crucial para a ativação do BAX após a interação com moléculas ligantes. A figura 10 mostra a observação da diferença de flexibilidade do ligando no sítio Lys21 do BAX. A mutação orienta o modo de acoplamento dos ligandos da forma nativa para a forma invulgar, alterando a interação de ligação dos aminoácidos. O BAM-7 ligou-se por hidrogénio ao R145 do tipo mutante e mostrou interações hidrofóbicas com E21, A24, I19, I66 e D142; no entanto, o mesmo ligando forma três ligações de hidrogénio com resíduos do tipo selvagem do BAX. A energia de acoplamento do mutante com o BAM-7 foi reduzida para -5,68 kcal/mol em relação ao valor do tipo selvagem de -6,67 kcal/mol. Verificaram-se critérios semelhantes, ou seja, redução da energia de acoplamento e das constantes de ligação, para os análogos de SA (SA-10 e SA-14). A diferença na pontuação de acoplamento e na constante de inibição para o tipo selvagem e mutante foi resumida na Tabela 5. Três ligandos examinados no estudo de acoplamento do tipo mutante têm grupos funcionais diferentes na sua porção química. Verificou-se que a energia de acoplamento do mutante era inferior à do tipo selvagem da proteína, o que indica que o modelo mutante (BAXK21E) tinha uma afinidade de ligação mais fraca para os ligandos. As ligações de hidrogénio conferem uma grande estabilidade aos complexos proteína-ligando; um grande número de ligações de hidrogénio forma complexos mais estáveis (Steiner & Koellner, 2001). O estudo de acoplamento do mecanismo de ligação proteína-ligando da proteína nativa e da mutante revela que a mutante tem uma interação mais fraca com os ligandos do que o seu modelo de proteína do tipo nativo. A docagem em conjunto foi aplicada à estrutura rígida da proteína para obter conformações razoáveis e a formação adequada de ligações de hidrogénio dos ligandos no seu sítio ativo. Uma única conformação de ligação do ligando pode não conseguir explicar o modo de ligação correto e as interações de ligação de hidrogénio com o recetor. No presente estudo, organizámos os ligandos acoplados (BAM-7, SA-10 e SA-14) com base na sua hierarquia de energia de ligação mais baixa. Os compostos com maior energia de ligação estão ocupados muito perto da Lys21 do tipo nativo, enquanto que no tipo mutante estão ocupados longe do resíduo Glu21. Os conformadores mais próximos do resíduo k21/E21 foram mostrados em cor salmão escuro (vermelho), representados na Fig. 11. A ligação e a interação reais requerem o encaixe dos ligandos nas bolsas de ligação propícias ao resíduo-alvo (K21), sendo bem sucedidas com a primeira posição dos ligandos ligados (bastões de cor salmão escuro). O início da ativação do BAX ocorre através da exposição dos resíduos de aminoácidos de 12-24, que é retirada pela deslocação do loop α1-α2. O BIM SAHB e o BAM-7 ligam-se diretamente ao local de ativação do BAX, produzindo impedimentos estéricos na junção da ansa α1-α2. Modelo previsto *in silico* da ativação do BAX através da deslocação da ansa α1-α2 de uma conformação fechada para uma conformação aberta induzida pelos ligandos representados na Fig. 12. A flexibilidade e a conformação dos ligandos determinadas pelos seus grupos funcionais específicos, como os compostos metilados, expressam mais energia do que as suas contrapartes. A diferença na energia de acoplamento, na energia interna e nas constantes de inibição foi observada mais no complexo proteico mutante do que no tipo selvagem.

Capítulo 4

4. Conclusão

Entre todos os análogos de SA virtualmente propostos, apenas cinco; SA1, SA9, SA10, SA14 e SA21 apresentaram a maior energia de acoplamento com a proteína BAX, dos quais SA10 e SA14 interagem especificamente com o resíduo Lys21. A partir dos resultados de acoplamento, comparamos que os análogos de SA mostraram melhores energias de acoplamento e interações moleculares detalhadas com resíduos BAX do que os miméticos de BH3. Os resultados da mutação *in silico* do BAX de Lys21 para Glu21 diminuíram a estabilidade estrutural e reduziram as interações de ligação de hidrogénio com o seu péptido BIM BH3. Estudos comparativos de acoplamento de SA10 e SA14 com tipos selvagens e mutantes revelaram diferenças na energia de acoplamento, constante de inibição e resíduos de ligação envolvidos na formação de ligações de hidrogénio; o BAM-7 também apresentou resultados semelhantes com ambos os tipos. Ao observar a interação dos análogos da SA (SA10 e SA14) e da BAM-7 com as proteínas selvagens e mutantes, concluímos que os análogos da SA apresentaram uma atividade quase semelhante à do mimético da BH3, a BAM-7. Os estudos combinados de modelação molecular e mutação permitem a seleção de pequenas moléculas como melhores agentes interactivos para as proteínas-alvo na prevenção do cancro.

Conflitos de interesses

Não existem interesses concorrentes.

Agradecimentos

Os autores agradecem ao Conselho Indiano de Investigação Médica (ICMR), Governo da Índia, Nova Deli, pela assistência financeira a C. Srinivasulu e ao Departamento de Biotecnologia - Infra-estruturas de Bioinformática (DBT-BIF), Governo da Índia, Departamento de

Biochemistry, Sri Krishnadevaraya University, Anantapuramu, A.P., Índia, por fornecer instalações laboratoriais para o trabalho de investigação.

Referências

Abaza, M.S., Al-Attiyah, R., Bhardwaj, R., Abbadi, G., Koyippally, M., Afzal, M, 2013. O ácido siríngico de Tamarixaucheriana possui atividades antimitogênicas e quimio-sensibilizantes em células de câncer colorretal humano. Pharm Biol. 51, 1110-1124.

Arnold, A.A., Aboukamel, A., Chen, J., Yang, D., Wang, S., Al-Katib, A., *et al.* 2008. Estudos pré-clínicos da apogossipolona: um novo inibidor não peptídico de pequenas moléculas das proteínas Bcl-2, Bcl-XL e Mcl-1 no modelo de linfoma folicular de pequenas células clivadas. Mol Cancer. 7, 20.

Azmi, A.A, Wang, Z., Philip, P.A, Mohammad, R.M., & Sarkar, F.H, 2011. Inibidores emergentes de Bcl-2 para o tratamento do cancro. Expert Opin Emerging Drugs, 16, 59-70.

Baell, J.B., & Huang, D.C.S, 2002. Prospects for targeting the Bcl-2 family of proteins to develop novel cytotoxic drugs. Biochem Pharmacol. 64, 851-863.

Belkheiri, N., Bouguerne, B., Bedos-Belval, F., Duran, H., Bernis, C., Salvayre, R., Negre-Salvayre, A., & Baltas, M, 2010. Síntese e avaliação da atividade antioxidante de uma família de hidrazonas siríngicas. Eur J Med Chem. 45(7), 3019-3026.

Berman, H.M., Battistuz, T., Bhat, T.N., Bluhm, W.F., Bourne, P.E., Burkhardt, K., Feng, Z., Gilliland, G.L., Iype, L., Jain, S., Fagan, P., Marvin, J., Padilla, D., Ravichandran, V., Schneider, B., Thanki, N., Weissig, H., Westbrook, J.D., & Zardecki, C, 2002. O Banco de Dados de Proteínas. Ata Crystallogr D: Biol Crystallogr. 58, 899-907.

Bowie, J.U., Luthy, R., & Eisenberg, D, 1991. Um método para identificar sequências de proteínas que se dobram numa estrutura tridimensional conhecida. Science, 253,164-170.

Daniele, S., Pietrobono, D., Costa, B., Giustiniano, M., La Pietra, V., Giacomelli, C., La Regina, G., Silvestri, R., Taliani, S., Trincavelli, M.L., Da Settimo, F., Novellino, E., Martini, C., & Marinelli, L., 2018. A ativação de Bax bloqueia a auto-renovação e induz a apoptose de células-tronco de glioblastoma humano. ACS Chem Neurosci. 9, 85-99.

Delano, W.L, 2006. O sistema de gráficos moleculares PyMOL. Delano Scientific, SanCarlos, CA, EUA. http://www.pymol.org.

Delgado-Soler, L., Pinto, M., Tanaka-Gil, K., & Rubio-Martinez, J, 2012. Determinantes moleculares da ligação do peptídeo Bim (BH3) a proteínas pró-sobrevivência. J Chem Inf Model. 52, 2107-2118.

Gavathiotis, E., Reyna, D. E., Bellairs, J.A., Leshchiner, E.S., & Walensky, L.D, 2012. Ativação direta e seletiva de pequenas moléculas de proapoptoticBaX. Nat Chem Biol. 8 (7), 639-645.

Gavathiotis, E., Reyna, D.E., Davis, M.L., Bird, G.H., & Walensky, L.D, 2010. A reorganização estrutural desencadeada por BH3 impulsiona a ativação de BAX pró-apoptótico. *Mol.* Cell , 40, 481-492.

Gavathiotis, E., Suzuki, M., Davis, M.L., Pitter, K., Bird, G.H., Katz, S.G.,Tu, H.C., Kim, H., Cheng, E.H., Tjandra, N., & Walensky, L.D, 2008. A ativação de BAX é iniciada num novo local de interação. Nature, 455 (7216), 1076-1081.

Gentry, C. L., Egleton, R. D., Gillespie T, Abbruscato, T. J., Bechowski, H. B., Hruby, V. J., & Davis, T.P, 1999. The effect of halogenation on blood-brain barrier permeability of a novel peptide drug .Peptides, 20 (10), 1229-1238.

Gerebtzoff, G., Li-Blatter, X., Fischer, H., Frentzel, A., & Seelig, A, 2004. A halogenação de fármacos aumenta a ligação e a permeação da membrana. ChemBioChem. 5(5), 676-684.

Gillis, E.P., Eastman, K.J., Hill, M.D., Donnelly, D.J., & Meanwell, N.A, 2015. Aplicações de flúor em química medicinal. Journal of Medicinal Chemistry, 58 *(21)*, 83158359.

Gowri Karthik, Mangalagowri Angappan, Arun kumar Vijaya Kumar e Sukumaran Natarajapillai, 2014. O ácido siríngico exerce atividade antiangiogênica por regulação negativa de VEGF em embriões de peixe-zebra. Biomedicina e nutrição preventiva, 4, 203-208.

Irvine J.D., Takahashi, L., Lockhart, K., Cheong, J., Tolan, J.W., Selick, H.E., & Grove, J.R, 1999. Células MDCK (Madin-Darby canine kidney): uma ferramenta para o rastreio da permeabilidade da membrana. J Pharm Sci.88, 28-33.

Kang, S., Kim, E.O., Kim, S.H., Lee, J.H., Ahn, K.S., Yun, M., & Lee, S.G., 2017. Morusin induz apoptose regulando a expressão de Bax e Survivin em células de câncer de mama humano. Oncol Lett. 13, 4558-4562.

Kazi, A., Sun, J., Doi, K., Sung, S.S., Takahashi, Y., Yin, H., Rodriguez, M. J., Becerril, J., Berndt, N., Hamilton, D. A., Wang, G.H., & Sebti, M.S, 2011. O mímico BH3 a-helical BH3-M6 interrompe Bcl-XL, Bcl-2, Bad ou Bim e induz a apoptose de uma forma dependente de Bax e Bim. J Biol Chem. 286, 9382-9392.

Kim, M.E., Ha, T.K., Yoon, J.H.,& Lee, J.S., 2014. A miricetina induz a morte celular de células cancerosas do cólon humano através da via dependente de BAX / BCL2. Anticancer Res. 34,

701-706.

Konopleva, M., Watt, J., Contractor, R., Tsao, T., Harris, D., Estrov, Z., Bornmann, W., Kantarjian, H., Viallet, J., Samudio, I., & Andreeff, M., 2008. Mecanismos de atividade antileucémica do novo mimético do domínio de homologia Bcl-2-3 GX15-070 (obatoclax). Cancer Res.68, 3413-3420.

LaBelle, J.L., Katz, S.G., Bird, G.H., Gavathiotis, E., Stewart, M.L., Lawrence, C., Fisher, J.K., Godes, M., Pitter, K., Kung, A.L., & Walensky, L.D, 2012. Um peptídeo Bim grampeado supera a resistência apoptótica em cânceres hematológicos. J Clin Invest. 122, 2018-2031.

Lessene, G., Czabotar, P.E., & Colman, P.M, 2008. Antagonistas da família Bcl-2 para a terapia do cancro. Nature Rev.7, 989-1000.

Lipinski, C.A., Lombardo, F., Dominy, B.W., & Feeney, P.J, 1997. Experimental and computational approaches to estimate solubility and permeability in drug discovery and development settings. Adv Drug Deliv Rev. 23, 3-25.

Lipinski, C.A., Lombardo, F., Dominy, W., & Feeney, P.J, 2001. Experimental and computational approaches to estimate solubility and permeability in drug discovery and development settings. Adv Drug Del Rev. 46, 3-26.

Luthy, R., Bowie, J.U., & Eisenberg, D, 1992. Avaliação de modelos de proteínas com perfis tridimensionais. Nature, 356, 83-85.

Morris, G.M., Huey, R., Lindstrom, W., Sanner, M.F., Belew, R.K., Goodsell, D.S., & Olson, A.J, 2009. AutoDock4 e AutoDockTools4: Acoplamento automatizado com flexibilidade selectiva do recetor. J. Comput. Chem. 30, 2785-2791.

Nguyen, M., Marcellus, R.C., Roulston, A., Watson, M., Serfass, L., Murthy Madiraju, S.R., Goulet, D., Viallet, J., Belec, L., Billot, X., Acoca, S., Purisima, E., Wiegmans, A., Cluse, L., Johnstone, R.W., Beauparlant, P., & Shore, G.C, 2007. A pequena molécula obatoclax (GX15-070) antagoniza o MCL-1 e supera a resistência à apoptose mediada pelo MCL-1. Proc.Natl.Acad. Sci.U. S. A. 104, 19512-19517.

Nuessler, V., Stotzer, O., Gullis, E., Pelka-fleischer, R., Pogrebnaik, A., Gieseler, F., & Wilmanns, W, 1999. Expressão de Bcl-2, Bax e Bcl-xL em linhas celulares de leucemia humana sensíveis e resistentes. Leukemia, 13, 1864-1872.

Orabi, K.Y.,Abaza, M.S.,Sayed, K.A.E., Elnagar, A.Y., Attiyah, R.A., & Radhika, P.G 2013. Inibição seletiva do crescimento de células de melanoma maligno humano por inibidores de proteassoma derivados do ácido siríngico.Cancer Cell International, 13, 82.

Quinn, B.A., Dash, R., Azab, B., Sarkar, S., Das, S.K., Kumar, S., Oyesanya, R.A., Dasgupta, S., Dent, P., Grant, S., Rahmani, M.,Curiel, D.T., Dmitriev, I., Hedvat, M., Wei, J., Wu, B., Stebbins, J.L., Reed, J.C., Pellecchia, M., Sarkar, D., & Fisher, P.B, 2011.

Targeting Mcl-1 for the therapy of cancer. Expert Opin Investig Drugs, 20, 13971411.

Quinn, B.A., Dash, R., Azab, B., Sarkar, S., Das, S.K., Kumar, S., *et al.* 2011. Targeting Mcl- 1 for the therapy of cancer. Expert Opin Investig Drugs. 20, 1397-1411.

Ramachandran, V., & Raja, B, 2010. Efeitos protectores do ácido siríngico contra danos hepáticos induzidos por acetaminofeno em ratos albinos. J Basic Clin Physiol Pharmacol. 21, 369-385.

Reyna, D.E., Garner, T.P., Lopez, A., Kopp, F., Choudhary, G.S., Sridharan, A., Narayanagari. S.R., Mitchell, K., Dong, B., Bartholdy, B.A., Walensky, L.D., Verma, A., Steidl, U., & Gavathiotis. E., 2017. A ativação direta de BAX por BTSA1 supera a resistência à apoptose na leucemia mieloide aguda. Cancer Cell. 32, 490505.

Sawada, N., Nakashima, S., Banna, Y., Yamakawa, H., Hayashi, K., Takenaka, K., Nishimura, Y., Sakai, N., & Nozawa, Y, 2000. Ordenação da formação de ceramida, ativação de caspase e expressão de Bax/Bcl-2 durante a apoptose induzida por etoposide em células de glioma C6. Cell Death Differ. 7, 761-772.

Schuettelkopf, A. W., & Van Aalten, D. M. F, 2004. PRODRG: uma ferramenta para cristalografia de alto rendimento de complexos proteína-ligando. ActaCryst. 60, 1355-1363.

Sharifi S, Barar J, Hejazi MS, Samadi N. Doxorubicin Changes Bax /Bcl-xL Ratio, Caspase- 8 and 9 in Breast Cancer Cells. *Boletim Farmacêutico Avançado*. 2015;5(3):351-359.

Sippl, M.J, 1993. Reconhecimento de erros em estruturas tridimensionais de proteínas. Proteins, 17(4), 355-362.

Steiner, T.; & Koellner, G, 2001. Ligações de hidrogénio com p-aceptores em proteínas: Frequências e papel na estabilização de estruturas 3-D locais. J. Mol. Biol. 305, 535-557.

Steinmetz, K.A., & Potter, D.J, 1996. Vegetais, fruta e prevenção do cancro: uma revisão. J Am Diet Asso. 96, 1027-1039.

Thompson, J.D., Higgins, D.G., & Gibson, T.J, 1994. CLUSTAL W: melhorando a sensibilidade do alinhamento progressivo de sequências múltiplas através da ponderação de sequências, penalizações de lacunas específicas da posição e escolha da matriz de pesos. Nucleic Acids Res. 22, 46734680.

Tse, C., Shoemaker, A.R., Adickers, J., Chen, J., Jin, S., Johnson, E.F., *et al.* 2008. ABT-263: um inibidor potente e oralmente biodisponível da família Bcl-2. Cancer Res.68, 3421-3428.

Van Delft, M.F., Wei, A.H., Mason, K.D., Vandenberg, C.J., Chen, L., Czabotar, P.E., *et al.* 2006.The BH3 mimetic ABT-737 targets selective Bcl-2 proteins and efficiently induces apoptosis via Bak/Bax if Mcl-1 is neutralized. Cancer Cell. 10, 389-399.

Vogler, M., Dinsdale, D., Dyer, M.J., & Cohen, G.M, 2009. Inibidores de Bcl-2: pequenas moléculas com um grande impacto na terapia do cancro. Cell Death Differ. 16, 360-367.

Walensky, L.D., & Gavathiotis, E, 2011. BAX unleashed: a transformação bioquímica de um monómero citosólico inativo num poro mitocondrial tóxico. Trends Biochem. Sci. 36, 642-652.

Wang, G., Nikolovska-Coleska, Z., Yang, C.Y., Wang, R., Tang, G., Guo, J., Shangary, S., Qiu, S., Gao, W., Yang, D., Meagher, J., Stuckey, J., Krajewski, K., Jiang, S., Roller, P.P., Abaan, H.O., Tomita, Y., & Wang, S, 2006. Conceção baseada na estrutura de inibidores potentes de pequenas moléculas de proteínas anti-apoptóticas Bcl-2. J. Med. Chem. 49, 61396142.

Wei, J., Stebbins, J.L., Kitada, S., Sash, R., Zhai, D., Placzek, W.J., *et al.* 2011. Um derivado de apogossipolona opticamente puro como potente inibidor pan-ativo de proteínas anti-apoptóticas da família Bcl-2. Front Oncol.1, 28.

Willett, W.C, 2002. Equilíbrio entre o estilo de vida e a investigação genómica para a prevenção de doenças. Science, 296, 695-698.

Wilson, W.H., O'Connor, O.A., Czuczman, M.S., LaCasce, A.S., Gerecitano, J.F., Leonard, J.P., Tulpule, A., Dunleavy, K., Xiong, H. Chiu, Y.L., Cui, Y., Busman, T., Elmore, S.W., Rosenberg, S.H., Krivoshik, A.P., Enschede, S.H., & Humerickhouse, R.A, 2010. Navitoclax, um inibidor de alta afinidade de Bcl-2, em doenças malignas linfóides: um estudo de fase 1 de escalonamento de dose de segurança, farmacocinética, farmacodinâmica e atividade antitumoral. Lancet Oncol. 1, 1149-1159.

Xin, M., Li, R., Xie, M., Park, D., Owonikoko, T.K., Sica, G.L., Corsino, P.E., Zhou, J., Ding, C., White, M.A., Magis, A.T., Ramalingam, S.S., Curran, W.J., Khuri, F.R., & Deng, X., 2014. Agonistas Bax de pequenas moléculas para terapia do câncer. Nat Commun. 5, 4935.

Zhao, Y.H., Le, J., Abraham, M.H., Hersey, A., Eddershaw, P.J., Luscombe, C.N., Butina, D., Beck, G., Sherborne, B., Cooper, I., & Platts, J.A, 2001. Avaliação dos dados de absorção intestinal humana e subsequente derivação de uma relação quantitativa estrutura-atividade (QSAR) com os descritores Abraham. J Pharm Sci. 90, 749-784.

Zheng, Q., Wang, B., Gao, J., Xin, N., Wang, W., Song, X., Shao, Y., & Zhao, C., 2018.

A redução de CD155 promove a apoptose através de AKT/Bcl-2/Bax em células de cancro do cólon. J Cell Mol Med. 22, 131-140.

Zhu, L., Chen, Y., Wei, C., Yang, X., Cheng, J., Yang, Z., Chen, C., & Ji, Z., 2018. Efeitos antiproliferativos e pró-apoptóticos da cinobufagina em células MCF-7 de câncer de mama humano e seu mecanismo molecular. Nat Prod Res. 32, 493-497.

Figura Legendas

Fig. 1.

A. Estrutura cristalina do BAX e do seu local de ativação BH3 (*hélices amarelas*).

B. Modo de ligação do SA e dos seus análogos no local de ativação (*amarelo*) do BAX. O SA é apresentado num modelo de bola e bastão (*cor-de-rosa*) e os seus análogos são representados em *linhas*. (SA1, SA9, SA10, SA14 e SA21 são representados em linhas vermelhas).

Fig. 2.

Posições ancoradas de SA, SA1, SA9, SA21 e respectivos resíduos interactivos no local de ativação do BAX. Os ligandos estão representados em forma de bastão e as ligações de hidrogénio estão representadas em linhas tracejadas pretas. *(As imagens acopladas de BAM-7, SA-14 e SA-10 são ilustradas na fig. 10).*

Fig. 3.

Estruturas dos melhores resultados de acoplamento dos análogos da SA e do BAM-7 (a molécula activadora direta do BAX) examinados neste estudo.

Fig. 4.

Estruturas químicas de miméticos de BH3 clinicamente testados.

Fig. 5.

O modelo proposto para a interação BAX/BIM BH3 (BAX e BIM BH3 estão representados nas hélices Limon Verde e Magentas, respetivamente). A imagem mostra as interações de ligação H entre os resíduos de BAX e BimBH3 no local de ativação de BAX.

Fig. 6.

Pontuação Z (qualidade global do modelo) e gráficos de energia (qualidade local do modelo) para o (A) tipo selvagem; (B) mutante K21E gerados através do servidor Web ProSA. A área de azul claro e azul escuro indica as pontuações Z das cadeias proteicas (PDB) desenvolvidas por cristalografia de raios X e espetroscopia de RMN, respetivamente. O ponto preto representa o valor da pontuação Z do modelo proteico.

Fig. 7

Pontuações comparativas do controlo de qualidade do empacotamento WHAT IF (PQC) dos tipos selvagem e mutante de BAX.

Fig. 8.

Diagrama de superfície do tipo selvagem e do tipo mutante (K21E) de BAX. Os potenciais de superfície são diferentes no tipo selvagem (a) e no tipo mutante (b), e as cores na superfície baseiam-se no potencial eletrostático e nos resíduos ligados (bola e bastão) na proteína. A energia potencial do tipo selvagem e do tipo mutante é de -45,607kbT/e a +45,607kbT/e; -

59,297 kbT/e a +59,297kbT/e, respetivamente, em que kb, T e e são a constante de Boltzmann, a temperatura e a carga eletrónica, respetivamente).

Fig. 9.

Contactos inter e intra-moleculares no complexo BIM BH3/BAX de WT e K21E. A estrutura modelo do tipo selvagem (a) e do tipo mutante K21E (b) do BAX com o péptido BH3 da BIM é apresentada em hélices. Os resíduos de interação são apresentados no modelo de bola e bastão e as interações de ligação de hidrogénio são representadas como linhas azuis a tracejado. A mutação pontual K21E reduz a interação das ligações de hidrogénio com o E158 do BIM BH3 (b) e prejudica a estrutura da hélice, alterando as distâncias das ligações H (A) do E17 e do Q18 nos tipos selvagem e mutante.

Fig. 10.

Interações de ligação de BAM-7, SA-14 e SA-10 com o filtro de seletividade em WT (a, c & e) e mutante K21E (b, d &f) de BAX. As setas azuis representam os resíduos selvagens (K21) e mutantes (E21). As ligações de hidrogénio são mostradas em linhas azuis. A imagem ilustra a posição e a orientação dos ligandos e dos resíduos interactivos alterados no local de ativação do tipo selvagem e mutante de BAX.

Fig. 11.

Conformações do ligando acoplado no local de ativação do WT e do BAX K21E. A energia de acoplamento dos três primeiros ligandos classificados (BAM-7 (a, b); SA-14 (c, d) e SA-10 (e, f)) demonstra o modo de ligação e a flexibilidade no local de ativação do tipo selvagem e mutante do BAX. As poses de ligação dos ligandos são mais próximas de K21 no tipo selvagem do que de E21 no tipo mutante. Os conformadores mais próximos apresentam uma maior energia de acoplamento no WT em comparação com o mutante.

Fig. 12.

O modelo previsto *in silico* da ativação do BAX é iniciado pela deslocação do loop α1-α2 de uma conformação fechada para uma conformação aberta induzida pelos ligandos examinados no presente estudo.

Fig S13.

Interações de ancoragem molecular de miméticos de BH3 clinicamente testados com BAX.

Destaques

- Os análogos do ácido siríngico selecionados *in silico* possuem boas propriedades farmacológicas.

- Os análogos do ácido siríngico apresentaram as melhores energias de acoplamento em comparação com os compostos de referência (miméticos de BH3).

- Os análogos do ácido siríngico e os miméticos de BH3 conhecidos interagem potente e especificamente com o local de ativação do BAX.

- A mutação pontual descreveu a importância da Lys21 no local de ativação do BAX.

Resumo gráfico

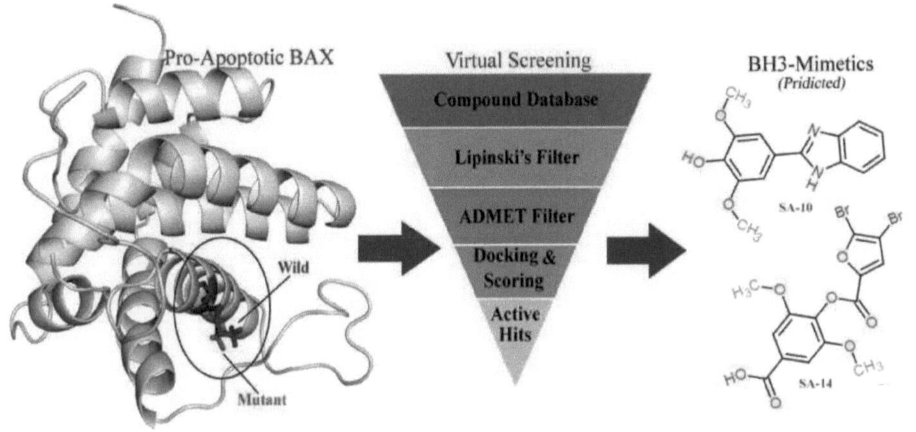

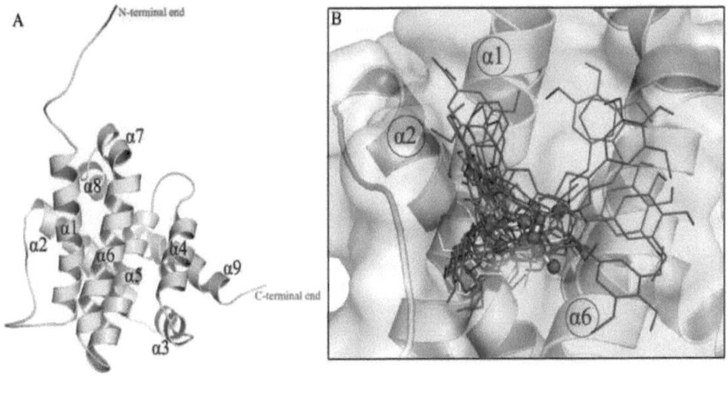

Fig.1

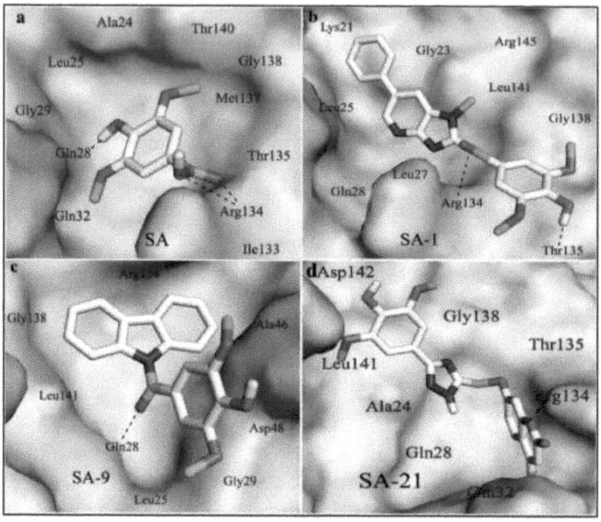
a
Ala24
Thr140
Leu25
Gly138
Met137
Gly29
Gln28
Thr135
Arg134
Gln32
SA
Ile133
b
Lys21
Gly23
Arg145
Leu141
Leu25
Gly138
Leu27
Gln28
Arg134
SA-1
Thr135
c
Gly138
Ala46
Leu141
Asp48
Gln28
SA-9
Gly29
Leu25
d
Asp142
Gly138
Thr135
Leu141
Ala24
Gln28
SA-21

Fig.2

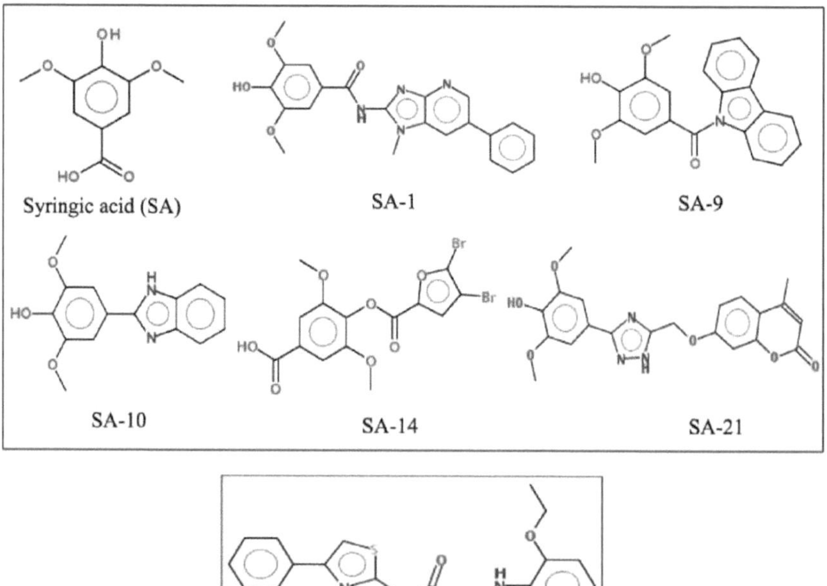
OH
HO
Syringic acid (SA)
SA-1
SA-9
SA-10
Br
SA-14
SA-21
BAM-7

Fig. 3.

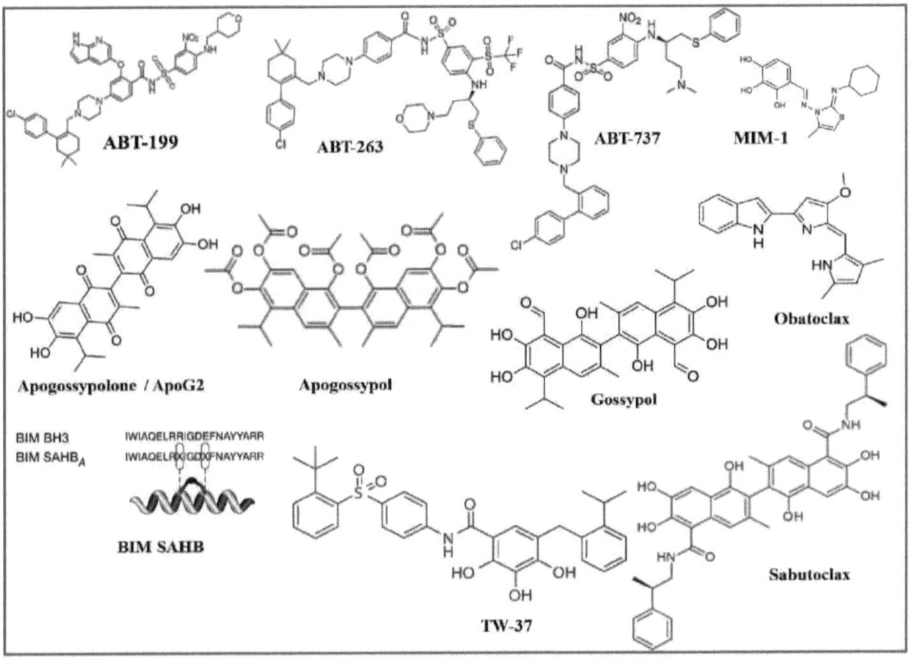
ABT-199
ABT-263
ABT-737
MIM-1
Apogossypolone / ApoG2
Apogossypol
Gossypol
Obatoclax
BIM BH3
BIM SAHB$_A$
IWIAQELRRIGDEFNAYYARR
BIM SAHB
TW-37
Sabutoclax

Fig. 4

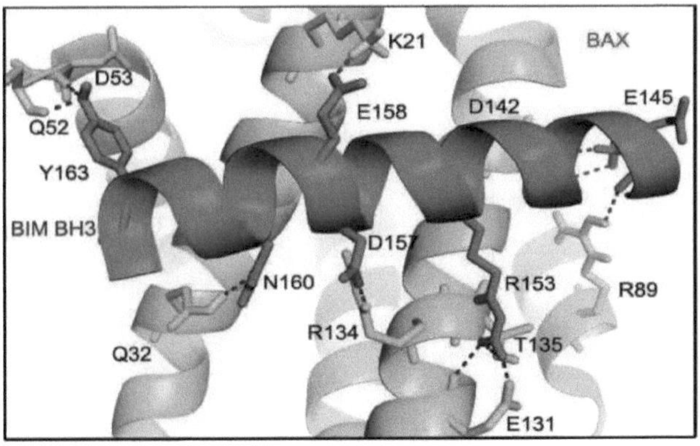
K21
BAX
D53
Q52
E158
D142
E145
Y163
BIM BH3
D157
N160
R153
R89
R134
T135
Q32
E131

Fig. 5

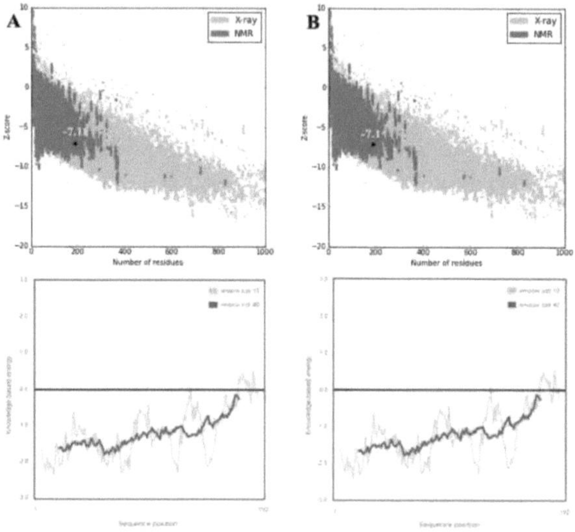

Fig. 6

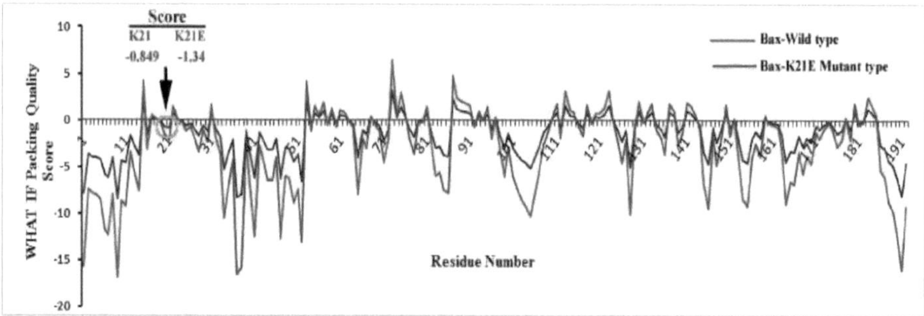

Fig. 7

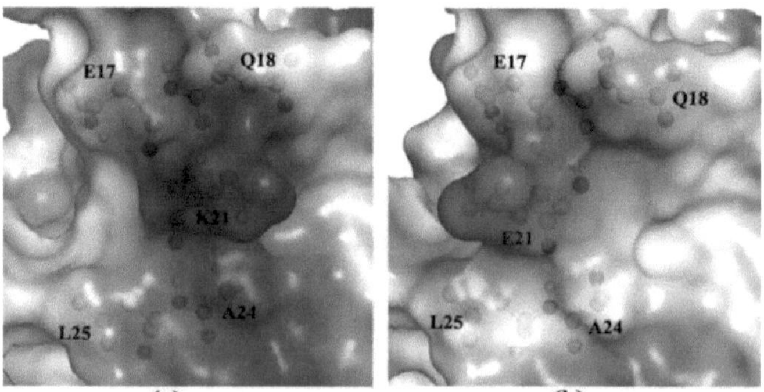

(a) (b)

Fig. 8

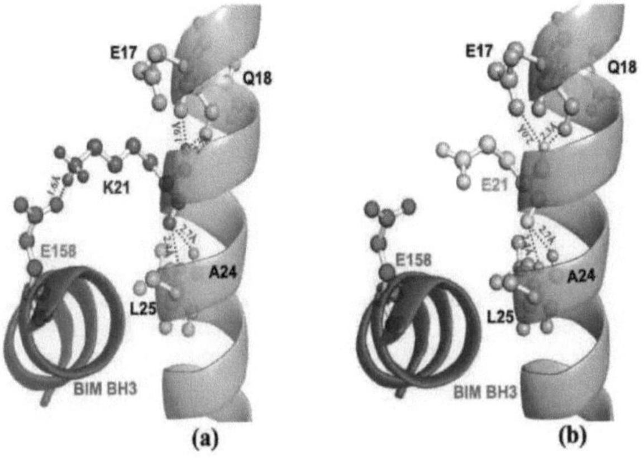
E17
Q18
K21
E158
A24
L25
BIM BH3
(a)
E17
Q18
E21
E158
A24
L25
BIM BH3
(b)

Fig. 9

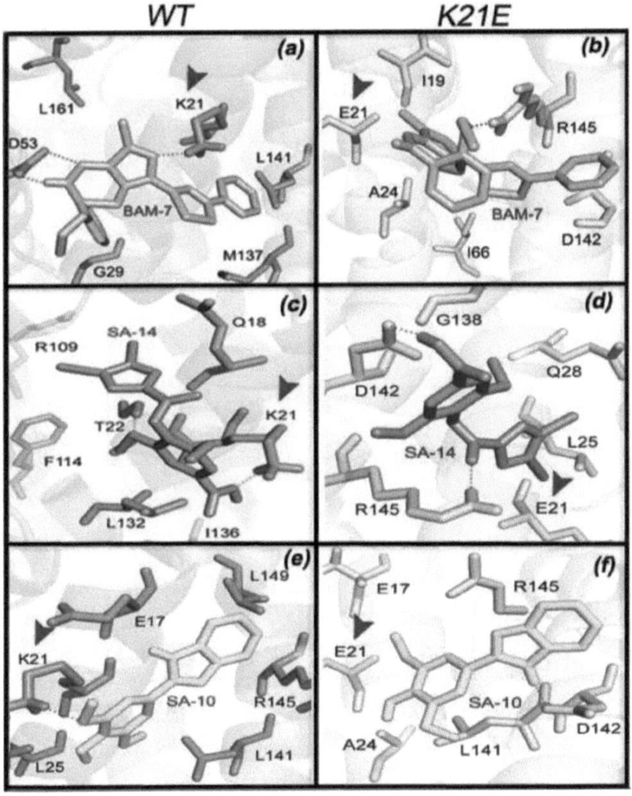
WT
K21E
(a)
L161
K21
D53
L141
BAM-7
G29
M137
(b)
I19
E21
R145
A24
BAM-7
I66
D142
(c)
SA-14
Q18
R109
T22
K21
F114
L132
I136
(d)
G138
D142
Q28
SA-14
L25
R145
E21
(e)
L149
E17
K21
SA-10
R145
L25
L141
(f)
E17
R145
E21
SA-10
D142
A24
L141

Fig. 10

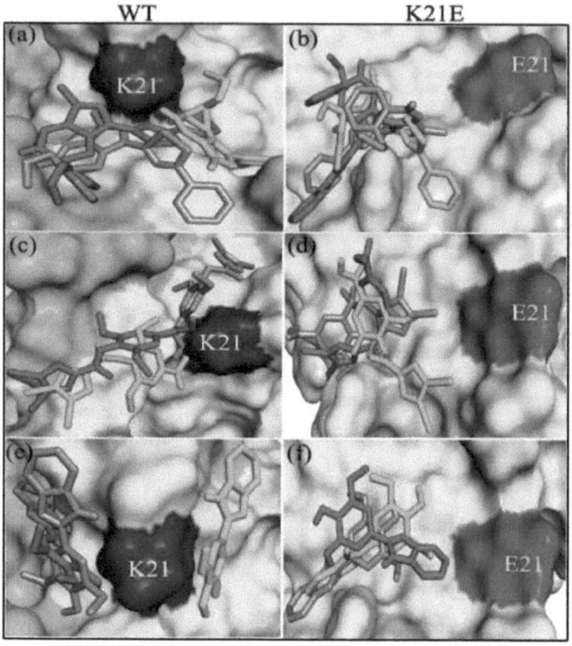

Fig. 11

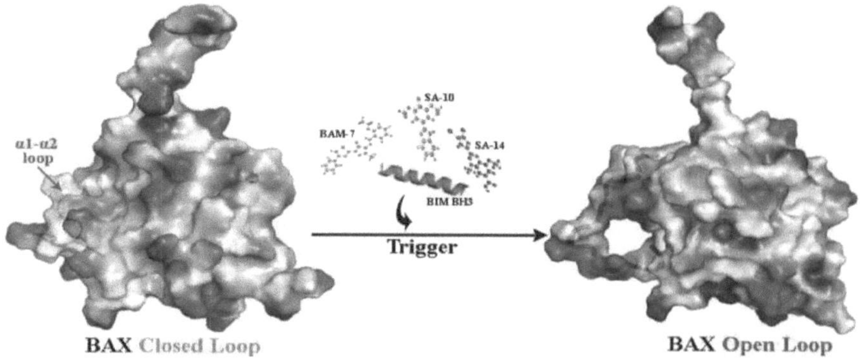

Fig. 12

Fig. S13 (material suplementar)

Tabela 3. Comparação da energia de acoplamento de análogos de SA e miméticos de BH3 no local de ativação do BAX calculada pelo Auto Dock4.2.

Compound	[a]Total clusters	[b]Binding energy (kcal/mol)	Intermolecular energy (kcal/mol)	Torsional energy (kcal/mol)	Internal energy (kcal/mol)	Inhibition constant (μM)	[c]RMS deviation (Å)
SA	27	-3.99	-4.77	1.37	-0.59	1180	0.24
SA1	12	-5.73	-6.62	1.65	-0.75	63.15	0.91
SA9	15	-5.81	-6.09	1.10	-0.82	55.01	0.72
SA10	13	-5.79	-6.15	1.10	-0.75	56.66	1.44
SA14	2	-5.85	-7.03	1.92	-0.74	51.38	0.56
SA21	1	-5.71	-6.50	1.92	-1.13	65.08	1.42
BAM-7	7	-6.67	-5.95	1.65	-2.37	12.83	0.36
Obatoclax	5	-4.85	-6.04	1.19	-1.47	279.73	1.62
Apogossypolone/ ApoG2	20	-4.06	-6.14	2.09	1.29	1060	1.26
MIM1	8	-3.95	-5.74	1.79	-2.71	1280	1.00
ABT-199	1	-2.75	-6.63	3.88	-3.91	9570	0.82
TW37	2	-2.25	-5.53	3.28	24.88	22510	0.93
ABT-737	3	-2.20	-6.98	4.77	-0.04	24280	1.90
Apogossypol	12	+2.91	1.46	2.47	-1.02	-	0.00
Gossypol	26	+94.72	91.44	3.28	-3.21	-	0.00
BI-97C1 / Sabutoclax	3	+398.93	394.46	4.47	102.1	-	0.00
ABT-263 / Navitoclax	2	+889.14	871.55	4.66	12.92	-	0.00

[a]São apresentados os melhores clusters de um total de 100 execuções.

[b]Valor para a estrutura óptima no cluster.

[c]O ajuste da geometria foi medido pelo desvio r.m.s. dos ângulos.

Tabela 4. Comparação dos resíduos de ligação do ligando e da interação de ligação H dos análogos de SA e dos miméticos de BH3 no local de ativação do BAX.

Compound	H-bond interaction		Distance	Donor	Acceptor
	Protein	Ligand	(Å)	atom	atom
	Gln28:OE1	H	2.0	OE1	H
SA	Arg134:HH21	O	1.8	HH21	O
	Arg134: HE	O	1.9	HE	O
	Thr135:OG1	H	2.2	OG1	H
SA1	Arg134: CO	H	2.2	CO	H
SA9	Gln28: OE1	O	3.5	OE1	O
SA10	Lys21: HZ1	O	2.0	HZ1	O
SA14	Lys21: HZ2	O	1.6	HZ2	O
	Thr22:HG1	O	2.0	HG1	O
SA21	Arg134: HH21	O	2.2	HH21	O
BAM-7	Asp53: OD1	H	2.0	OD1	H
	Asp53: OD2	N	3.4	OD2	N
	Lys21: HZ3	N	1.9	HZ3	N
Obatoclax	Leu47: CO	N	3.2	CO	N
	Leu47: CO	H	1.9	CO	H
Apogossypolone/ ApoG2	Arg145:HH11	O	1.8	HH11	O
MIM1	Met20:CO	H	2.3	CO	H
	Lys21:HZ1	O	2.4	HZ1	O
	Lys21:CO	H	2.4	CO	H
ABT-199	Lys21:HZ3	O	1.8	HZ3	O
	Asp53:OD2	O	3.4	OD2	O
TW37	Lys21:HZ1	O	2.5	HZ1	O
	Lys21:HZ1	O	2.3	HZ1	O
ABT-737	-	-	-	-	-
Apogossypol	Lys21:CO	H	2.3	CO	H
Gossypol	Met137:CO	O	2.6	CO	O
	Ile133:CO	H	2.1	CO	H
BI-97C1/	Thr140:CO	H	2.5	CO	H

Sabutoclax					
	Ser118:NH	H	2.9	NH	H
	Phe30:CO	H	2.6	CO	H
ABT-263 / Navitoclax	Lys21:HZ2	O	1.5	HZ2	O
	Met20:CO	O	3.4	CO	O
BIM-SAHB (peptide)	Lys21:HZ1	Ala164:CO	1.8	HZ1	Ala164:CO
	Lys21:HZ3	Ala161:CO	2.6	HZ3	Ala161:CO
	Glu17:OE2	Ala164:CN	2.7	OE2	Ala164:CN
	Glu146:OE2	Arg153:NH1	3.3	OE2	Arg153:NH1
	Asp142:OD2	Arg153:NE	3.4	OD2	Arg153:NE

Tabela 5. Diferença na energia de acoplamento da ligação e na constante de inibição calculada pelo AutoDock4.2 para WT e K21E.

	Docking energy (kcal/mol)			Inhibition constant (μM)		
Compound	WT	K21E	Difference WT vs K21E	WT	K21E	Difference WT vs K21E
BAM-7	-6.67	-5.68	-0.99	12.83	69.13	56.3
SA-14	-5.85	-4.33	-1.52	51.38	674.92	623.54
SA-10	-5.79	-4.15	-1.64	56.66	911.6	854.5

Tabela S1. Fórmula estrutural e propriedades físico-químicas previstas (calculadas a partir do servidor molinspiration) dos análogos de SA.

Compound	Structural formula	[a]Log P	[b]TPSA	[c]MW	[d]No. of ON	[e]No. of OHNH	[f]No. of rotate-ble bonds
SA	C9H10O5	1.20	75.99	198.174	5	2	3
SA1	C22H20N4O4	3.10	98.51	404.43	8	2	5
SA2	C14H15NO4	0.82	59.01	261.28	5	1	3
SA3	C17H15NO4	2.86	60.70	297.31	5	1	3
SA4	C13H13NO4	1.75	60.70	247.25	5	1	3
SA5	C12H12N2O4	1.22	73.59	248.24	6	1	3
SA6	C13H17NO4	0.66	59.01	251.28	5	1	3
SA7	C11H15NO4	0.86	67.79	225.24	5	2	4
SA8	C13H19NO4	1.01	59.01	253.30	5	1	5
SA9	C21H17NO4	4.36	60.70	347.37	5	1	3
SA10	C15H14N2O3	2.9	67.37	270.28	5	2	3
SA11	C17H25NO4	2.59	59.01	307.39	5	1	5
SA12	C17H13NO6	1.73	94.84	327.29	7	1	3
SA13	C14H12O7	2.21	95.21	292.24	7	1	6
SA14	C14H10Br2O7	3.88	95.21	450.04	7	1	6
SA15	C20H16O7	4.13	95.21	368.34	7	1	7
SA16	C14H11BrO7	3.14	95.21	371.14	7	1	6
SA17	C16H16O7	2.34	95.21	320.30	7	1	6
SA18	C16H12F3NO6	3.35	94.96	371.27	7	1	7
SA19	C16H15NO6	2.57	94.96	317.30	7	1	6
SA20	C16H11ClF3NO6	3.67	94.96	405.71	7	1	7
SA21	C21H19N3O6	3.04	119.71	409.39	9	2	6
SA22	C9H9ClO4	1.75	55.77	216.62	4	1	3
SA23	C11H14O5	1.84	65.00	226.23	5	1	5
SA24	C8H9ClO3	1.97	38.70	188.61	3	1	2
SA25	C13H16O7	1.27	83.47	284.26	7	1	5
SA26	C16H15FO5	3.22	65.00	306.29	5	1	6
SA27	C16H16O5	3.06	65.00	288.30	5	1	6
SA28	C9H10O4	1.08	55.77	182.18	4	1	3
SA29	C10H12O4	1.36	44.77	196.20	4	0	4
SA30	C9H10O5	1.23	86.99	198.17	5	3	3
SA31	C10H12O5	1.73	86.99	212.20	5	3	4
SA32	C17H13NO5	1.92	80.79	311.29	6	2	2
SA33	C18H20O7	2.31	97.62	348.35	7	3	5

SA34	C19H18O9	1.51	120.77	390.34	9	2	6
SA35	C14H12N2O6	1.90	135.61	304.26	8	4	3
SA36	C17H13NO4	2.75	89.78	295.29	5	4	2
SA37	C16H11NO5	2.53	99.88	297.27	6	3	3
SA38	C14H16O7	1.82	113.29	296.27	7	3	7
SA39	C11H12O5	1.64	86.99	224.21	5	3	4
SA40	C18H18O7	3.11	127.44	346.33	7	5	2
SA41	C21H24O7	4.00	94.46	388.42	7	2	5
SA42	C20H22O7	3.73	105.46	374.39	7	3	4
SA43	C17H16N4O3	2.09	88.87	324.34	7	2	5
SA44	C16H15N3O3S	3.14	75.98	329.38	6	2	5
SA45	C15H15FN2O3	4.24	63.09	290.29	5	2	5
SA46	C17H18N2O5	2.87	89.39	330.34	7	2	7
SA47	C10H14O4	0.91	47.93	198.22	4	1	4
SA48	C14H20O5	2.20	54.01	268.31	5	0	8
SA49	C10H10N2O4S	1.68	77.62	254.27	6	1	3
SA50	C19H20O7	3.42	116.45	360.36	7	4	3
SA51	C18H18O4	4.37	66.76	298.34	4	2	2
SA52	C15H14O5	3.16	65.00	274.27	5	1	5
SA53	C17H18O7	2.81	83.47	334.32	7	1	7
SA54	C22H24O7	3.14	83.47	400.43	7	1	9

[a]LogP (lipofilicidade): Não superior a 5;[b] TPSA (Área de superfície polar): Não superior a 140 A^2 ;[c] MW: 180-500 Daltons;[d] nON (aceitadores de ligações H): deve ser inferior a 10;[e] nOHNH (dadores de ligações H): deve ser inferior a 5;[f] O número de ligações rotativas pode ser igual ou inferior a 10.

Tabela S2. Propriedades de absorção, distribuição, metabolismo e excreção previstas para os análogos de SA.

Compound	[a]Human intestinal absorption (%)	[b]*In vitro* Caco-2 cell permeability (nm/sec)	[c]*In vitro* MDCK cell permeability (nm/sec)	[d]*In vitro* plasma protein binding (%)	[e]*In vivo* blood brain barrier penetration (C.brain/C.blood)
SA	82.02	18.83	29.7	69.77	0.53
SA1	94.97	22.35	1.19	88.19	0.06
SA2	95.50	20.96	26.34	67.30	0.63
SA3	95.86	26.01	78.67	91.33	0.03
SA4	95.42	24.90	195.17	87.58	0.95

SA5	94.12	15.68	153.03	84.24	0.72
SA6	94.69	25.52	52.81	77.02	0.66
SA7	88.65	15.54	29.89	55.25	0.47
SA8	94.66	34.94	123.48	83.22	0.67
SA9	96.63	28.50	73.84	93.46	0.10
SA10	89.29	3.61	296.94	81.99	2.40
SA11	95.53	33.96	258.51	94.29	0.25
SA12	96.70	20.60	85.81	86.52	0.00
SA13	88.27	22.35	208.15	85.59	0.46
SA14	99.49	18.76	0.05	90.31	0.00
SA19	93.23	21.48	68.07	85.46	0.35
SA21	89.06	20.76	0.09	85.44	0.37
SA22	94.87	21.17	188.01	56.50	0.64
SA23	92.04	22.10	87.78	84.29	0.74
SA28	92.23	18.86	145.36	82.32	0.62
SA29	97.11	50.28	268.45	90.88	1.58
SA36	87.64	17.78	3.40	98.62	0.82
SA37	90.26	11.90	1.29	99.60	0.14
SA45	92.46	10.61	27.99	87.65	1.17
SA46	93.14	22.05	85.88	90.50	0.20
SA47	93.86	43.37	166.27	88.08	0.59
SA48	97.59	55.66	330.16	58.46	0.49
SA49	82.18	6.87	52.78	91.83	0.26
SA52	95.86	19.54	80.10	93.83	0.03

[a]A absorção intestinal humana inclui valores de biodisponibilidade e absorção, descreve a percentagem de fármaco administrado por via oral que chega à veia porta hepática. Se o valor de HIA se situar entre 0% e 20%, 20-70% e 70-100%, indica uma absorção fraca, moderada e boa, respetivamente;[b] As células Caco-2 têm múltiplos sistemas de transporte de fármacos através do epitélio intestinal. Os valores de permeabilidade baixa, média e alta para as células Caco-2 são, respetivamente, <4, 4-70 e >70;[c] Sistema de células de rim canino de Madin-Darby (MDCK) aplicado para avaliação com base na permeabilidade rápida. O valor <25 indica baixa permeabilidade, 25-500 permeabilidade média e >500 permeabilidade elevada;[d] A percentagem de fármaco que se liga às proteínas plasmáticas. O valor inferior a 90% indica uma ligação fraca e mais de 90% indica uma ligação forte às proteínas plasmáticas;[e] Penetração na barreira hemato-encefálica (BBB). Os valores previstos para a BBB são <0,1 (baixa absorção), 0,1-2,0 (absorção média) e >2,0 (maior absorção) para o sistema nervoso central.

Fig. S13. Interações de acoplamento molecular de miméticos de BH3 clinicamente testados com BAX.

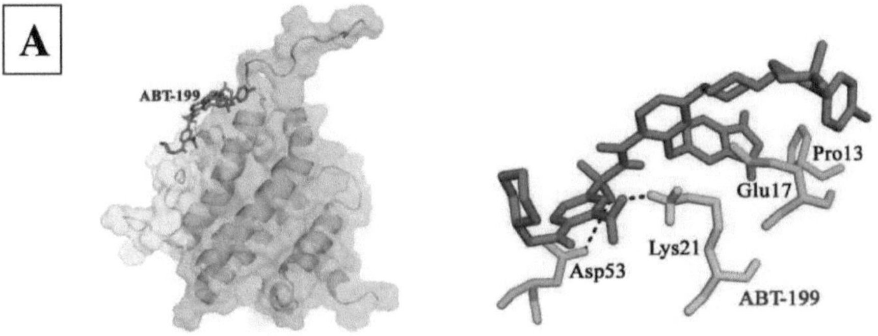

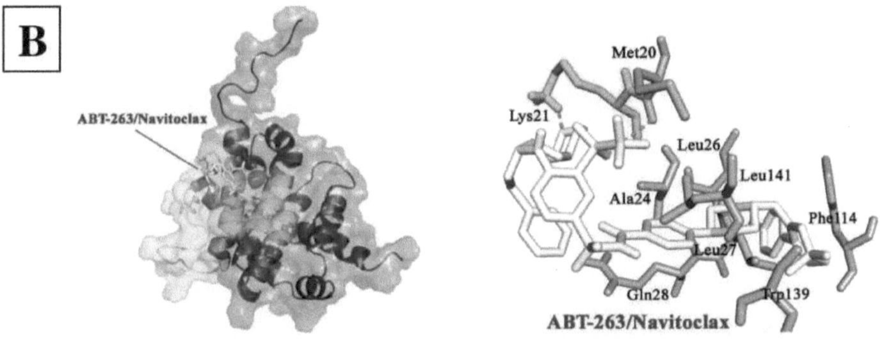

C

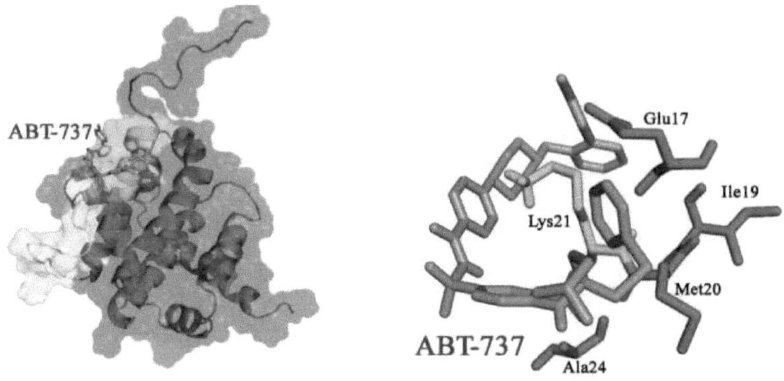
ABT-737
Glu17
Ile19
Lys21
Met20
ABT-737
Ala24

D

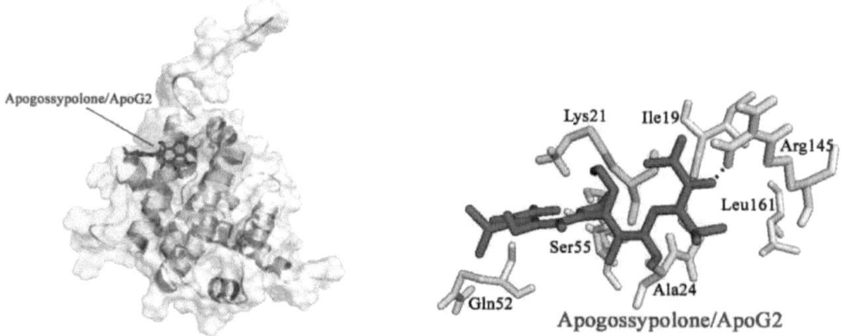
Apogossypolone/ApoG2
Lys21
Ile19
Arg145
Leu161
Ser55
Ala24
Gln52
Apogossypolone/ApoG2

E

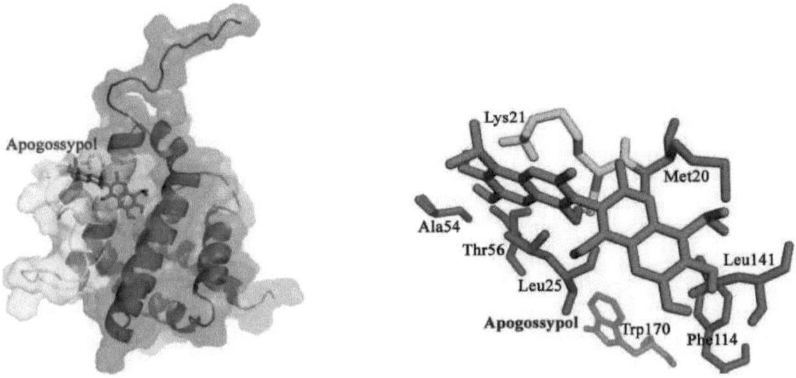
Apogossypol
Lys21
Met20
Ala54
Thr56
Leu141
Leu25
Apogossypol
Trp170
Phe114

F

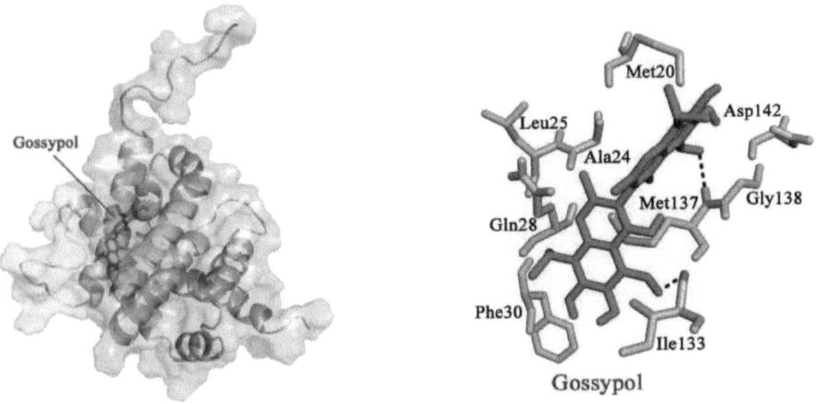
Gossypol
Met20
Asp142
Leu25
Ala24
Met137
Gly138
Gln28
Phe30
Ile133
Gossypol

G

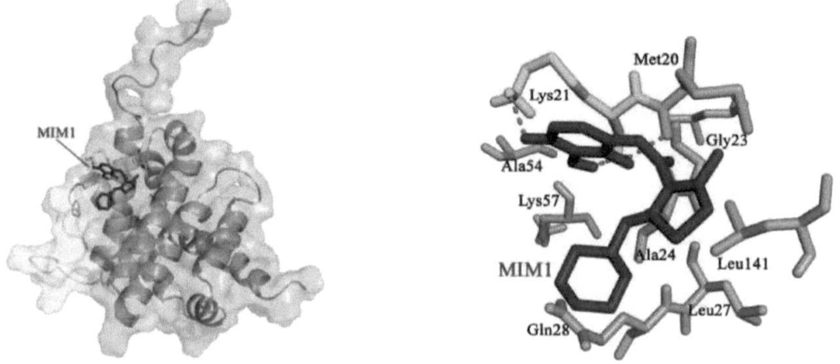
MIM1
Met20
Lys21
Gly23
Ala54
Lys57
MIM1
Ala24
Leu141
Leu27
Gln28

H

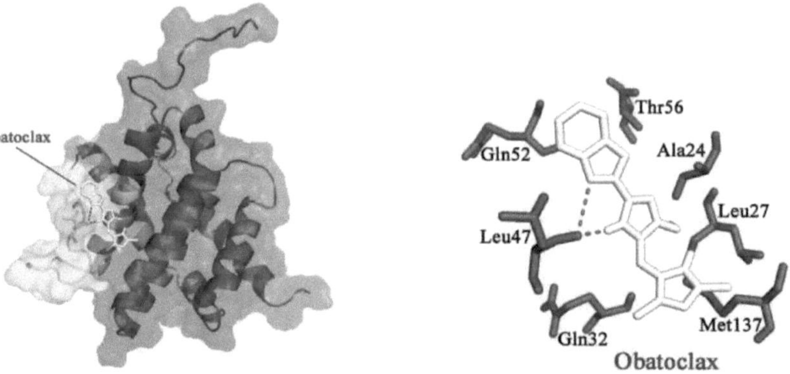
Obatoclax
Thr56
Gln52
Ala24
Leu27
Leu47
Met137
Gln32
Obatoclax

I

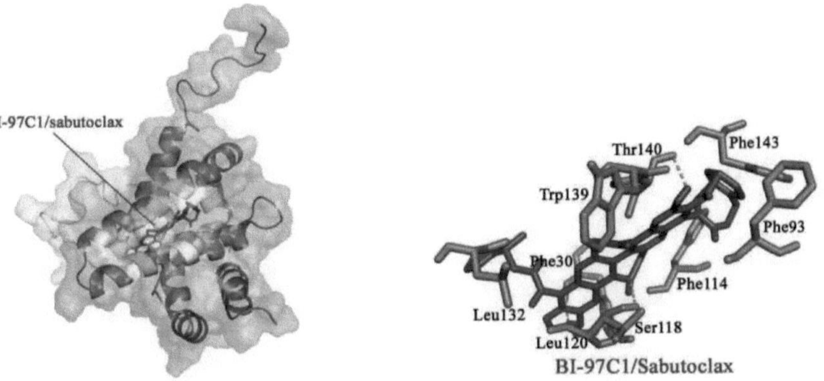
BI-97C1/sabutoclax
Thr140
Phe143
Trp139
Phe93
Phe30
Phe114
Leu132
Ser118
Leu120
BI-97C1/Sabutoclax

J

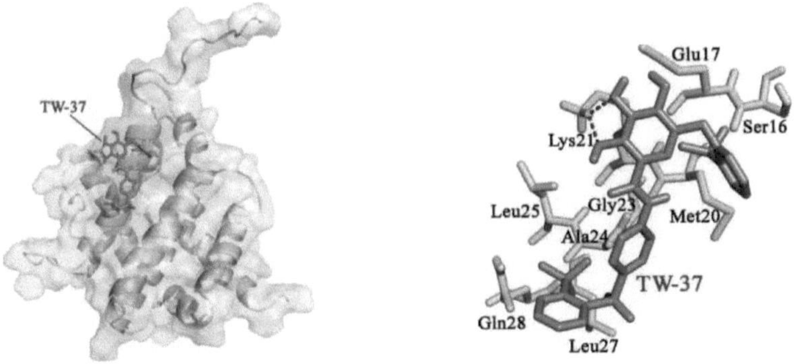
TW-37
Glu17
Ser16
Lys21
Leu25
Gly23
Met20
Ala24
TW-37
Gln28
Leu27

K

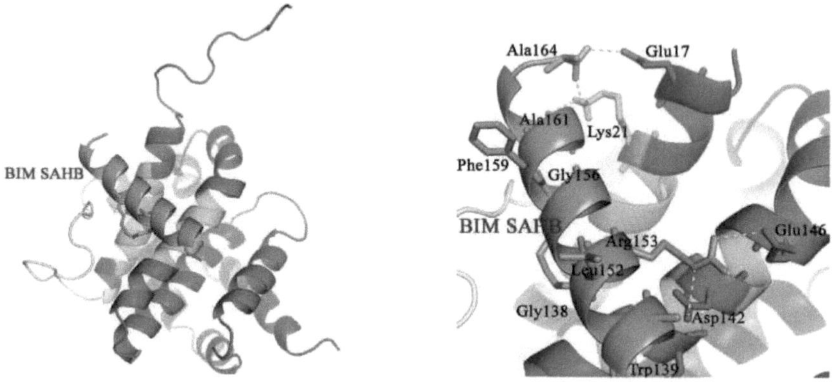
BIM SAHB
Ala164
Glu17
Ala161
Lys21
Phe159
Gly156
BIM SAHB
Arg153
Glu146
Leu152
Gly138
Asp142
Trp139

MIX
Papier aus verantwortungsvollen Quellen
Paper from responsible sources
FSC® C105338

Printed by Books on Demand GmbH, Norderstedt / Germany